职业院校模具专业一体化教材

模具拆装与调试

关小梅　黄斌聪　主编

化学工业出版社

·北京·

本书包括8个学习任务，包括冲孔模的拆卸与装配、哈夫模的拆卸与装配、三板模的拆卸与装配、斜导柱模的拆卸与装配、QQ级进模的拆卸与装配、拉伸模的拆卸与装配、复合模的拆卸与装配、复杂三板模的拆卸与装配。涵盖常见种类的模具结构及拆装，以模具制造专业典型工作任务为载体，以工作流程为教学活动环节，将所需的知识、技能、岗位素养相融合。引导式工作页，便于学生自主学习和训练，属于一体化教材。

本书是模具制造专业的必修课教材，融模具结构知识、模具拆装技能训练为一体，适合于技工院校、中等职业院校、高等职业院校模具制造专业、机械维修专业学生使用。

图书在版编目（CIP）数据

模具拆装与调试/关小梅，黄斌聪主编．—北京：化学工业出版社，2014.9（2023.8重印）

职业院校模具专业一体化教材

ISBN 978-7-122-21638-0

Ⅰ.①模…　Ⅱ.①关…②黄…　Ⅲ.①模具-装配（机械）-中等专业学校-教材②模具-调试方法-中等专业学校-教材　Ⅳ.①TG76

中国版本图书馆CIP数据核字（2014）第193233号

责任编辑：李　娜　　装帧设计：王晓宇

责任校对：边　涛

出版发行：化学工业出版社（北京市东城区青年湖南街13号　邮政编码100011）

印　　装：北京机工印刷厂有限公司

787mm×1092mm　1/16　印张14¼　字数387千字　　2023年8月北京第1版第7次印刷

购书咨询：010-64518888　　售后服务：010-64518899

网　　址：http://www.cip.com.cn

凡购买本书，如有缺损质量问题，本社销售中心负责调换。

定　　价：45.00元

前言

FOREWORD

一体化教学的指导思想是指：以国家职业标准为依据，以学生综合能力培养为目标，以典型工作任务为载体，以学生为中心，根据典型工作任务和工作过程设计课程体系和内容，培养学生的综合职业能力。一体化教学的教学条件包含：一体化场景、一体化师资、一体化教材、一体化载体（设备）。

长治技师学院积极开展一体化教学改革，形成了“六个合一”的特色，即：学校工厂合一、教室车间合一、教师师傅合一、学生学徒合一、作品产品合一、育人创收合一。在学校模具专业建设指导委员会的专家指导下，专门成立了《模具拆装与调试》一体化教材开发小组，到相关企业深入调查研究，广泛征询企业技术人员、管理人员和一线操作人员对模具专业学生职业能力等方面的意见和建议。按照国家职业标准、一体化课程开发流程和专业培养目标对模具专业一体化教学的课程标准、学习任务、教（学）工作页、评价体系等进行研究开发。

坚持典型工作任务来源于企业实践的原则，开发小组成员经过长达六个月的企业调查，从众多企业需求中进行筛选、提炼和总结，再经过教学化处理，设计了一批既满足企业需要又能符合一体化教学要求的典型学习任务。

本书由关小梅、黄斌聪任主编，另外参与本书编写的还有郝金星、柴燕芳、乔琳、熊剑。

在编写过程中，由于时间有限，还有不足和疏漏之处，恳请广大读者批评指正。

编者

2014 年 7 月

目录

CONTENTS

学习任务一　冲孔模的拆卸与装配

学习目标

（1）能按照车间安全防护规定穿戴劳保用品，执行安全操作规程，牢固树立正确的安全文明操作意识。

（2）能遵守安全文明生产规程，树立安全文明生产意识。

（3）会使用拆卸工具量具。

（4）能拆卸简单冲孔模。

（5）能把模具装配复原。

（6）能主动获取有效信息，拥有踏实严谨、精益求精的学习态度以及敬业爱岗、团结协作的工作作风。

（7）能按车间现场管理规定和要求，整理现场，并填写保养记录。

（8）能主动获取有效信息，展示工作成果，对学习与工作进行总结反思，能与他人合作，进行有效沟通。

（9）能对设备（模具教具）进行日常维护保养。

建议学时　36 学时

工作情景描述

新员工入职后，企业一般要对新员工进行岗前培训，熟悉车间的基本要求和安全操作规程。培训完后，分配到模具组，要修配一套冲孔模（十字架），生产任务下达到总装车间。作为车间装配员工，请按要求拆卸，在固定板上装配好凸模（凹模），控制好凸、凹模间隙，并完成螺钉及销钉的装配，调试完成后交付生产车间使用。

工作流程与活动

1. 学习活动一　模具拆装车间的基本要求　（4 学时）
2. 学习活动二　冲孔模结构认知　（4 学时）
3. 学习活动三　冲孔模的拆卸　（10 学时）
4. 学习活动四　冲孔模的装配　（8 学时）
5. 学习活动五　工作总结与综合评价　（2 学时）
6. 学习活动六　冲孔模的安装与调试　（8 学时）

学习活动一　模具拆装车间的基本要求

学习目标

（1）能按照车间安全防护规定，穿戴劳保用品，遵守参观纪律。

（2）能遵守安全文明生产规程，树立安全文明生产意识。

（3）能描述模具拆装工作岗位的要求，并能认知常见模具类型。

（4）能通过现场参观体验车间生产氛围，提高学习兴趣。

建议学时 4学时

学习过程

一、接受安全文明生产教育

安全文明生产是企业生产管理的重要内容之一，直接影响企业的产品质量和经济效益，影响模具的使用寿命，影响企业的正常生产。作为新员工，进入企业的初期，必须要具备良好的文明生产和安全生产习惯，为将来进一步做好工作打下良好的基础。

（1）通过观看介绍模具拆装车间生产基本情况的视频或查阅资料，指出表1-1中所示车间生产现场中存在哪些安全文明方面的问题。

问题描述：

① 乱摆放拆卸模具零件——拆卸模具后，把零件不按照排序到处乱放。

② 设备上乱放工具——使用设备时，把工具杂物乱放在设备上。

③ 乱放拆装工具——拆装模具时，把工具无序乱放在工作台上。

④ 乱摆放清洁工具——清洁拆装车间后，乱放清洁工具。

⑤ 边拆装模具边打手机——在模具拆装时，不专心操作。

表1-1 生产现场中的安全文明问题

序号	项　目	存在的问题
1		
2		
3		

续表

序号	项　目	存在的问题
4		
5		

通过观看以上不文明的操作现象后，请讨论一下如何做到文明生产操作？

(2) 通过观看着装相关视频并结合图 1-1，说一说生产的着装要求。

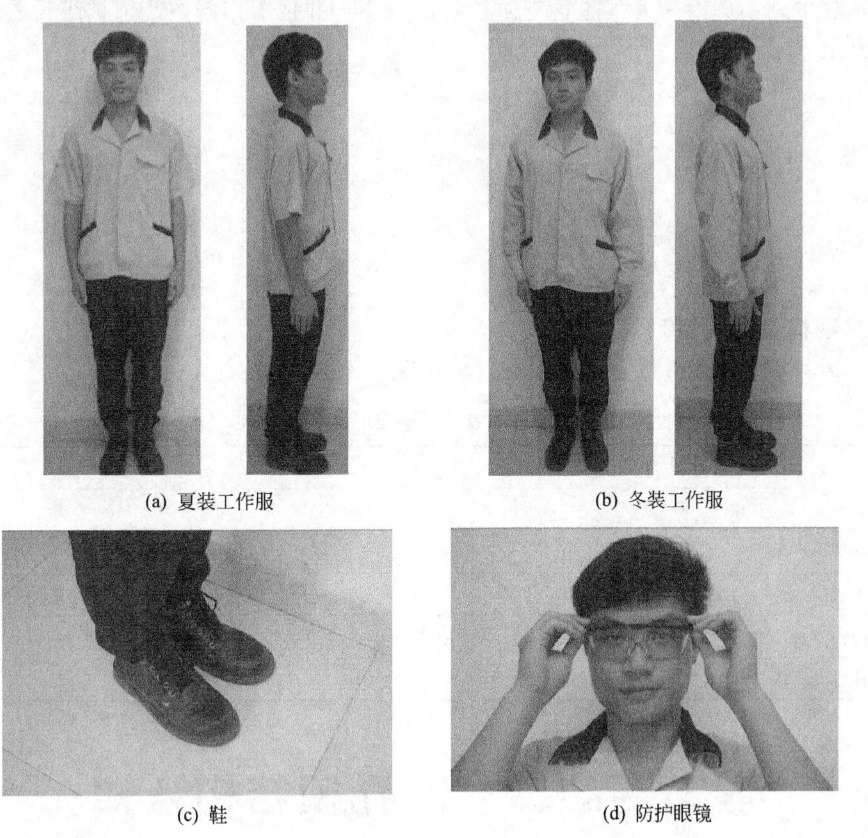

(a) 夏装工作服　(b) 冬装工作服

(c) 鞋　(d) 防护眼镜

图 1-1　生产现场的着装要求

上衣袖口：

鞋子：

防护工具：

指甲：

首饰：

同学们观看着装相关视频后，请选择以上相对应各部位的着装要求。

A. 要求不留长指甲，注意定期修剪指甲。

B. 要求上岗前，必须把所有首饰摘下。

C. 要求穿戴防砸、防扎、防滑的鞋子。

D. 袖口必须把纽扣扣好。

E. 上岗前要求把防护工具戴好，如：工作帽、防护眼镜等。

（3）在了解了安全文明生产常识后，分析下列案例。

在一个下大雨的下午，工人小辉午睡睡过头，一看时间紧张，他随便从床上披一件衣服（非工作服），穿上一对皮凉鞋，匆匆忙忙地来到车间，由于满头大汗把衣服敞开，又忘记戴上防护眼镜，就直接在工作岗位进行工作。

请讨论一下，小辉现在能开始干活了吗？如果不能，请指出他的哪些行为是错误的，应该如何改正？

干活过程中，小辉因为天气热，把防护眼镜摘掉，并把工作服敞开。被组长看到了，组长过来制止并批评了小辉。

请讨论组长为什么要批评小辉？

二、参观模具拆装室现场

参观前请对照表 1-2 进行安全自检，并将结果记录在表中。

表 1-2　安全自检表

自检问题	记录
工作服穿好了吗？	是□　否□
手套及饰品都摘掉了吗？	是□　否□
穿的鞋子是否防砸、防扎、防滑？	是□　否□
戴工作帽了吗？	是□　否□
女生把长发盘起并塞入工作帽内了吗？	是□　否□

学习活动二　冲孔模结构认知

（1）能列举常见的模具种类，辨认出冲孔模。

（2）能说出冲孔模结构部件名称。

（3）能按车间现场管理规定和要求，整理现场，并填写保养记录。

建议学时　4学时

学习过程

一、常见模具种类的认知

了解模具种类是模具拆装的重要内容之一，不同类型的模具具有不同的结构和特点。通过阅读表1-3，然后完成练习题表1-4。

表1-3　常见模具类型

模具名称	种类(材料)	典型产品
铸造模	金属模具	水龙头、机器模板
锻造模	金属模具	曲轴、连杆
冲压模	金属模具	汽车车身覆盖件、饭盘、饮料铁/铝罐
压铸模	金属模具	各种合金、汽缸体 、手机壳
拉伸模	金属模具	钢管
注射成型模	塑料模具	电视机外壳、键盘按钮(应用最普遍)
中空成型模	塑料模具	塑料饮料容器/瓶
压缩成型模	塑料模具	电源开关、瓷碗碟
挤压成型模	塑料模具	塑料水管、塑料袋
热成型模	塑料模具	透明成型包装外壳

请选择以下日常用品/用具/产品是属于什么类型的模具？

A种类（材料）选项：①塑料模具　②金属模具

B模具类型名称选项：

①锻造模　②冲压模　③压铸模　④拉伸模　⑤注射成型模　⑥中空成型模　⑦压缩成型模　⑧挤压成型模　⑨热成型模

表1-4　练习题

序号	典型产品	A种类(材料)	B模具类型名称
1			
2			

续表

序号	典型产品	A 种类(材料)	B 模具类型名称
3			
4			
5			
6			
7			
8			

续表

序号	典型产品	A种类（材料）	B模具类型名称
9			
10	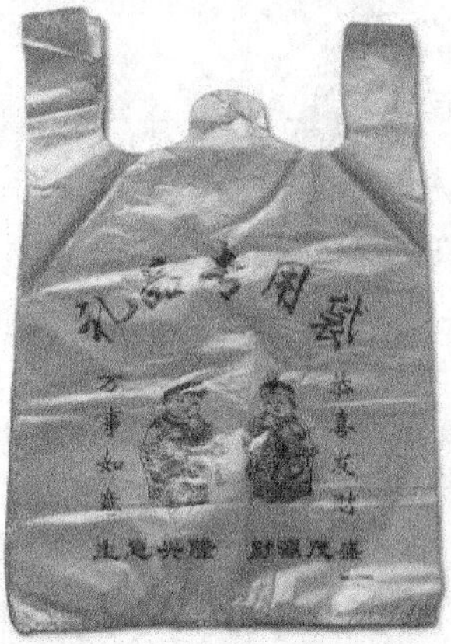		
11			
12			

二、冲孔模结构认知

该模具为单工序冲孔模。

工作时上模座上行，毛坯送入模具，通过导料销保证毛坯的正确导向及冲孔的位置。当上模座向下运动时，首先压料板与毛坯相接触，将毛坯压紧在凹模上；上模继续下行，凸模对毛坯进行冲孔；冲孔完毕后，上模上行，工件在压料板的作用下压紧在凹模上，使得工件逐渐脱离凸模，同时冲孔的废料通过凹模上的落料孔排出，冲孔动作完成。

冲孔模结构爆炸图见图 1-2，产品尺寸图见图 1-3。

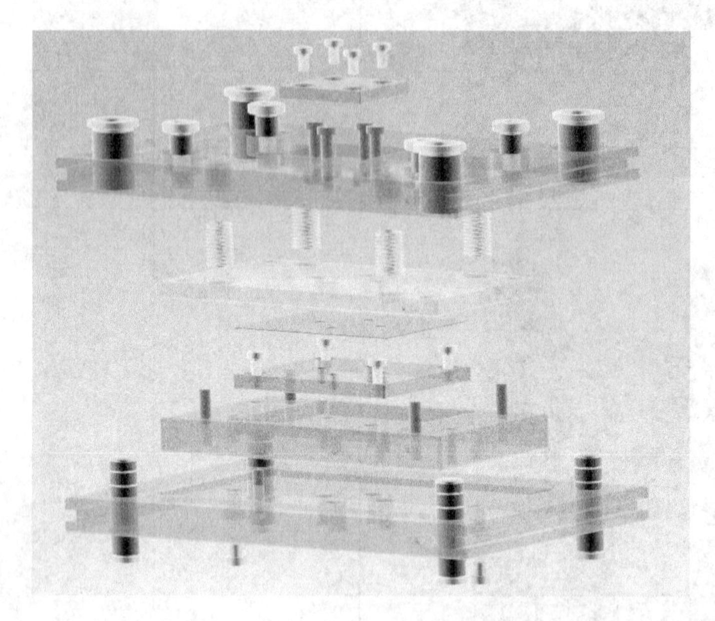

图 1-2　冲孔模结构爆炸图

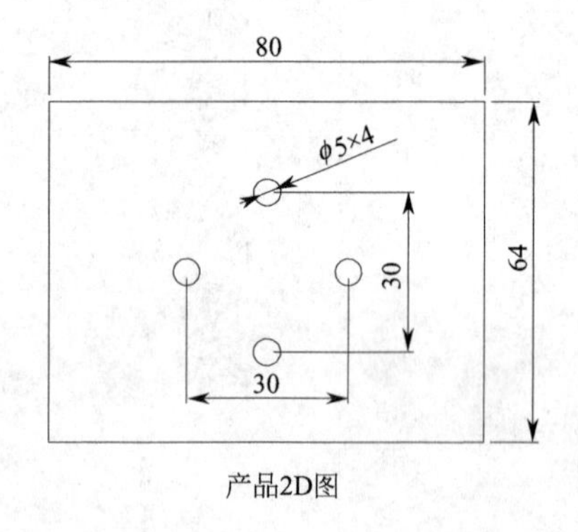

产品2D图

产品厚度0.5mm

图 1-3　产品尺寸图

通过观看教学视频，认知冲孔模零件（表 1-5）。

表 1-5　冲孔模零件

序号	实物图	名称	材料	作用用途	备注
1		产品	产品厚度 0.5mm		

续表

序号	实物图	名称	材料	作用用途	备注
2	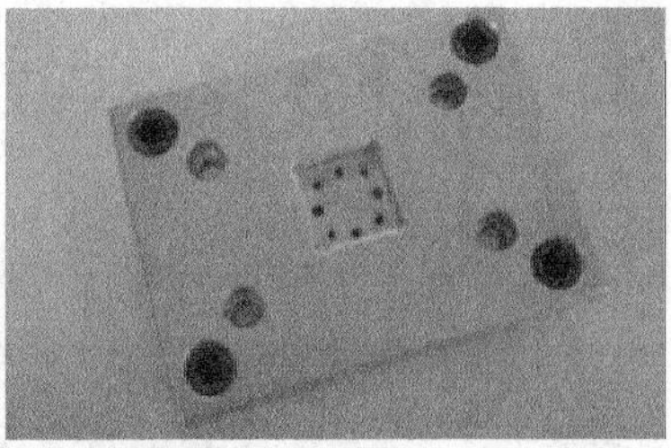	上模座	铝合金	与微型机运动部分固定	侧面开设码模槽
3		冲头压板固定螺钉	SCM435	连接冲头压板和上模座	
4	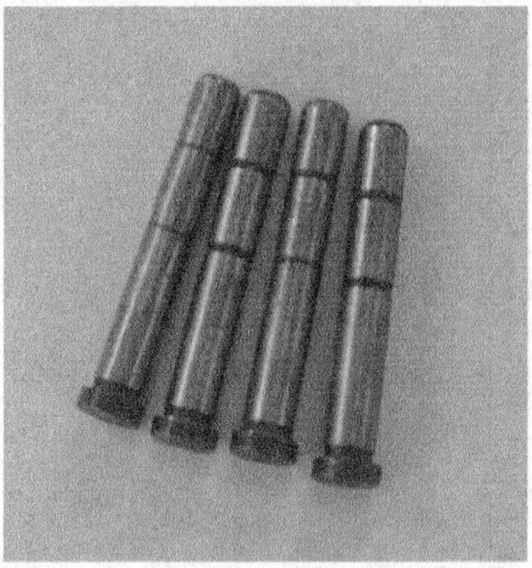	导柱	SUJ2	相互配合，对模具进行导向	
5		下模座	铝合金	与微型冲压机的工作台面固定	侧面开设码模槽
6		凹模固定板	铝合金	用于藏凹模	一般都采用组合式，方便更换

续表

序号	实物图	名称	材料	作用用途	备注
7		凹模固定板固定螺钉	SCM435	连接凹模固定板和下模座	
8	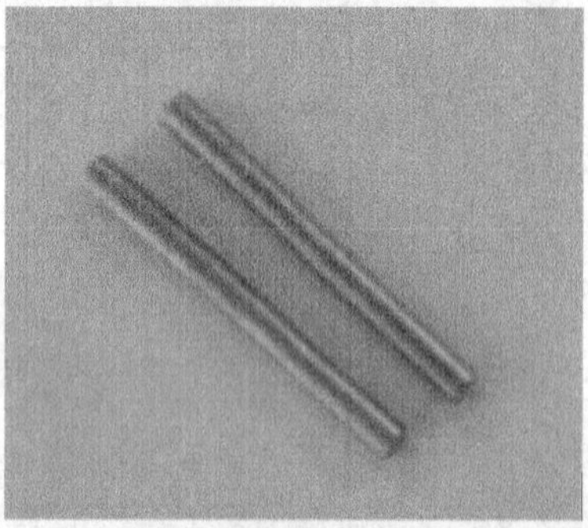	定位销	SUJ2	安装螺钉之前，对凹模固定板先进行定位	对于有装配精度的，一般先安装定位销，然后再安装螺钉
9	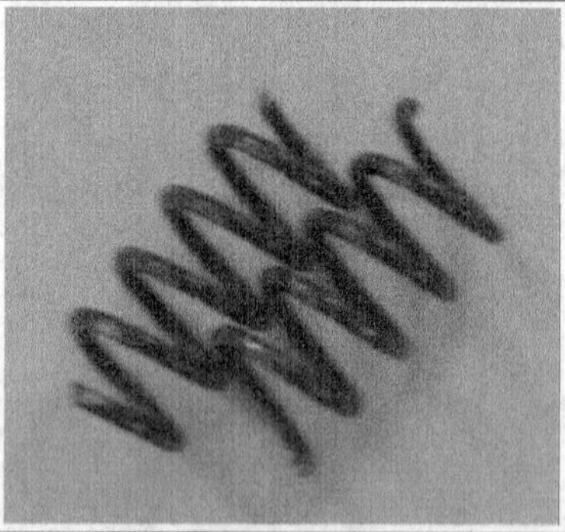	弹簧	65Mn	为压料板的运动提供动力	设计时，应考虑弹簧的最大压缩量和使用寿命
10	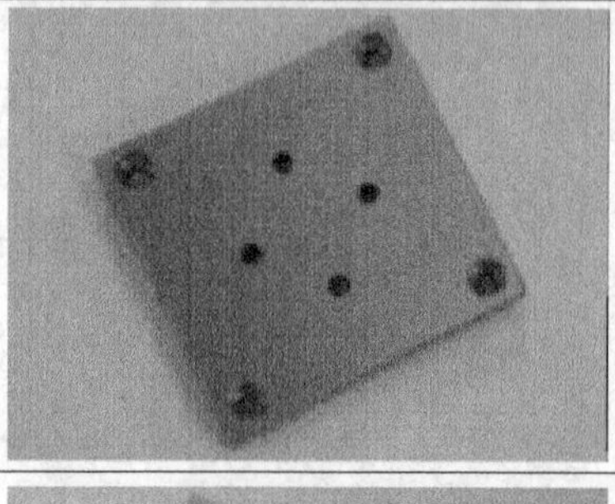	凹模	铝合金	与凸模相互配合，形成所需产品的形状	冲压时，两者需承受较大冲压力，应满足其强度和刚度要求
11		卸料板	铝合金	在冲压时，对条料进行压紧；冲裁后，将套在凸模上的条料卸下	

续表

序号	实物图	名称	材料	作用用途	备注
12		限位拉杆	SCM435	限制压板的运动距离	
13		冲头压块	铝合金	压紧模具冲头	
14		冲头	SUJ2	与凹模配合用于成型作用	

根据冲孔模各部件分类，找出相应的模具并作记录，经老师确认后在相应栏目打“√”。
凹模固定螺钉（　　）限位拉杆（　　）定位销（　　）　弹簧（　　）压料板（　　）
下模座（　　）　　　下模座（　　）　导柱（　　）　　凹模固定板（　　）

学习活动三　冲孔模的拆卸

学习目标

（1）认识拆卸工具，能说出名称并指出功能和使用方法。
（2）能利用正确的拆卸工具进行拆卸简单冲孔模。
（3）能主动获取有效信息，拥有踏实严谨、精益求精的学习态度以及敬业爱岗、团结协作的工作作风。

建议学时 10 学时

学习过程

一、拆装工具的认知

在模具拆装之前，需要先认识拆卸工具和测量工具，能说出名称并指出功能和使用方法。

用于模具拆装的工具种类繁多，每个种类又有很多规格，因此，本节对常用的工具进行介绍，如扳手、螺钉旋具、手钳、手锤、铜棒、内六角扳手、活动扳手、游标卡尺、千分尺等。

1. 手钳类

模具拆装常用手钳有大力钳、挡圈钳、尖嘴钳、管子钳、钢丝钳等，见表 1-6。

表 1-6 模具拆装常用手钳

序号	实物图	名称	作用用途	操作要点	备注
1		大力钳	主要用于夹持零件进行铆接，焊接，磨削等加工，另外也可作扳手使用。是模具或维修钳工经常使用的工具	使用时应首先调整尾部螺栓到合适位置，通常要经过多次调整才能达到最佳位置。容易损伤圆形工件表面，故夹持此类工件时应该注意	钳口可以锁紧，并产生很大的夹紧力，使被夹紧零件不会松脱；而且钳口有多档调节位置，供夹紧不同厚度零件使用
2		挡圈钳	专供拆装弹性挡圈用	用于拆装弹性挡圈。由于挡圈开式分为孔用和轴用两种以及安装部位不同，挡圈钳可分为直嘴式和弯嘴式，又可分为孔用和轴用挡圈钳	安装挡圈时把尖嘴插入挡圈孔内，用手用力握紧钳柄，轴用挡圈即可张开，内孔变大，此时可套入轴上挡圈槽内，然后松开；而孔用挡圈内孔变小，此时可放入孔内挡圈槽内，然后松开。挡圈弹性回复，即可稳稳地卡在挡圈槽内。拆卸挡圈过程为安装时的逆顺序
3		尖嘴钳	钳柄上套有额定电压 500V 的绝缘套管。是一种常用的钳形工具。用途主要用来剪切线径较细的单股与多股线，以及给单股导线接头弯圈、剥塑料绝缘层等，能在较狭小的工作空间操作，不带刃口者只能夹捏工作，带刃口者能剪切细小零件，它是电工（尤其是内线电工）、仪表及电讯器材等装配及修理工作常用工具常用的工具之一		分柄部带塑料套与不带塑料套两种

续表

序号	实物图	名称	作用用途	操作要点	备注
4		管子钳	一般用来夹持和旋转钢管类工件。广泛用于石油管道和民用管道安装。钳住管子使它转动完成连接。其工作原理是将钳力转换进入扭力，用在扭动方向的力更大也就钳得更紧	使用时首先把钳口调整到合适位置，即工件外径略等于钳口中间尺寸，然后右手握柄，左手放在活动钳口外侧并稍加使力，安装时顺时针旋转，拆卸时逆时针旋转，而钳口方向与安装时相反	用钳口的锥度增加扭矩，通常锥度在3°～8°，咬紧管状物。自动适应不同的管径，自动适应钳口对管施加应力而引起的塑性变形，在出现这种降低管径的效应下，保证扭矩，不打滑
5		钢丝钳	用于夹持或弯折薄片形、圆柱形金属零件及切断金属丝，其旁刃口也可用于切断细金属丝		分柄部不带塑料套（表面发黑或镀铬）和带塑料套两种

2. 螺钉旋具类（螺丝刀）

模具拆装常用的螺钉旋具有一字槽螺钉旋具、十字槽螺钉旋具、多用螺钉旋具、内六角螺钉旋具等，见表1-7。

表1-7　模具拆装常用的螺钉旋具

序号	实物图	名称	作用用途	操作要点	备注
1		一字槽螺钉旋具	用于紧固或拆卸各种标准的一字槽螺钉	木柄和塑柄螺钉旋具分普通和穿心式能承受较大的扭矩，并可在尾部用手锤敲击。旋杆设有六角形断面加力部分的螺钉旋具能相应的扳手夹住旋杆扳动，以增加扭矩	使用旋具要适合，对十字形槽钉尽量不用一字形旋具，否则拧不紧甚至会损坏螺钉槽。一字形槽的螺钉要用刀口宽度略小于槽长的一字形旋具。若刀口宽度太小，不仅拧坏
2		十字槽螺钉旋具	用于紧固或拆卸各种标准的一字槽螺钉	形式和使用与一字槽螺钉旋具相识	螺钉槽。对于受力较大或螺钉生锈难以拆卸的时候，可选用方形旋杆螺钉旋具，以便能用扳手夹住旋杆扳动，增大力矩

续表

<table>
<tr><th>序号</th><th>实物图</th><th>名称</th><th>作用用途</th><th>操作要点</th><th>备注</th></tr>
<tr><td>3</td><td></td><td>多用槽螺钉旋具</td><td>用于紧固或拆卸各种标准的一字槽螺钉</td><td>也可在软质木料上钻孔，并兼作测电笔用</td><td rowspan="2">螺钉槽。对于受力较大或螺钉生锈难以拆卸的时候，可选用方形旋杆螺钉旋具，以便能用扳手夹住旋杆扳动，增大力矩</td></tr>
<tr><td>4</td><td></td><td>内六角槽螺钉旋具</td><td>专用于旋拧内六角螺钉</td><td></td></tr>
</table>

二、模具拆卸前准备

（1）拆装模具类型：冷冲压模具（冲裁，弯曲，拉深）。

（2）拆装工具：150mm 游标卡尺、角尺、2m 卷尺、内六角扳手、锤子、铜棒、钢丝钳、250mm 活口扳手、$\phi6\times150$ 及 $\phi8\times200$ 顶杆、台虎钳、塑料盒平行垫铁、400～500mm 长的 4 分水管。

（3）工作准备：领用工具，了解工具的使用方法及要求，将工具摆放整齐，实训结束按工具清单清理工具。

三、模具拆卸的一般规则

（1）模具的拆卸工作，应按照各模具的______，预先考虑好______。如果先后倒置或贪图省事而______，就极易造成________，严重时还将导致模具难以装配复原。

（2）模具的拆卸顺序一般应先________，然后再拆________。在拆卸部分或组合件时，应按__________的顺序，依次拆卸组合件或零件。

（3）拆卸时，使用的工具必须保证对零件不会发生损伤，应尽量使用________，严禁用________________________敲击。

（4）拆卸时，对容易产生位移而又无定位的零件，应__________；各零件的安装方向也需________，并做好相应标记，以免在装配复原时浪费时间。

（5）对于精密的模具零件，如______________等，应放在专用的盘内或单独存放，以防碰伤工作部位。

（6）拆下的零件__________，以免生锈腐蚀，最好要涂上________。

四、冲孔模模具拆卸过程

（1）配合观看拆卸视频，注意各零部件装配关系。

（2）观看冲孔模工作过程视频，注意冲孔模的工作状态，然后完成表 1-8。

表 1-8　冲孔模模具拆卸过程

序号	实物图	使用工具	过程描述
1	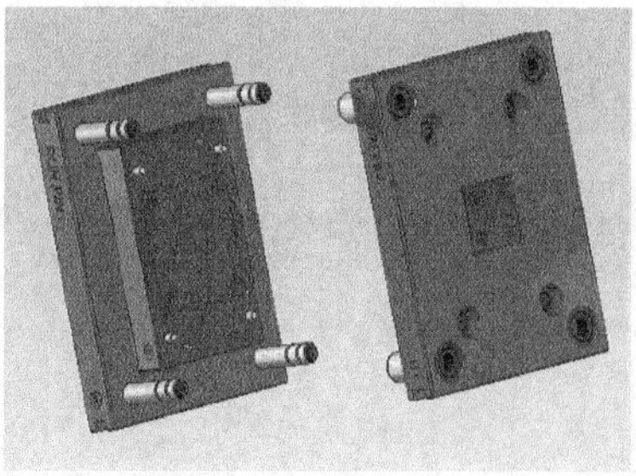		
2			
3	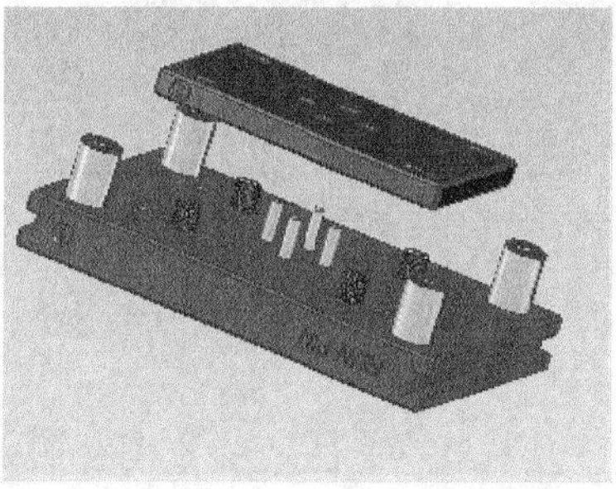		
4	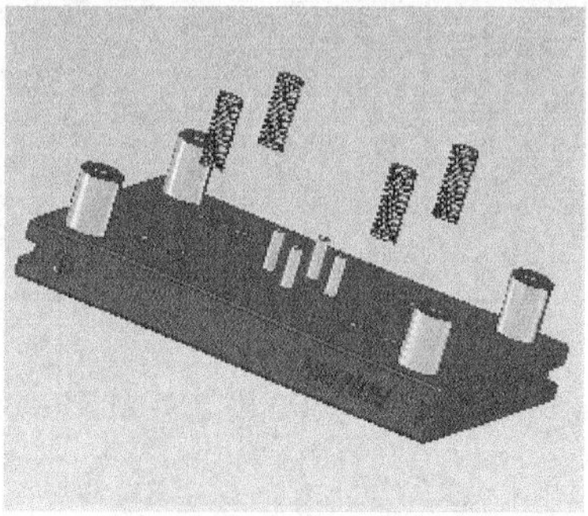		
5	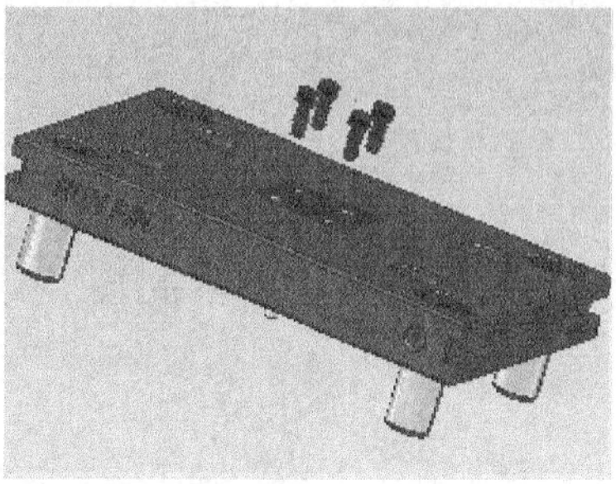		

续表

序号	实物图	使用工具	过程描述
6	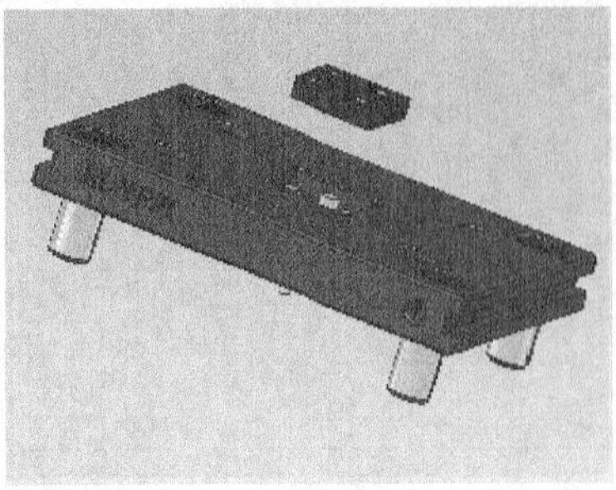		
7	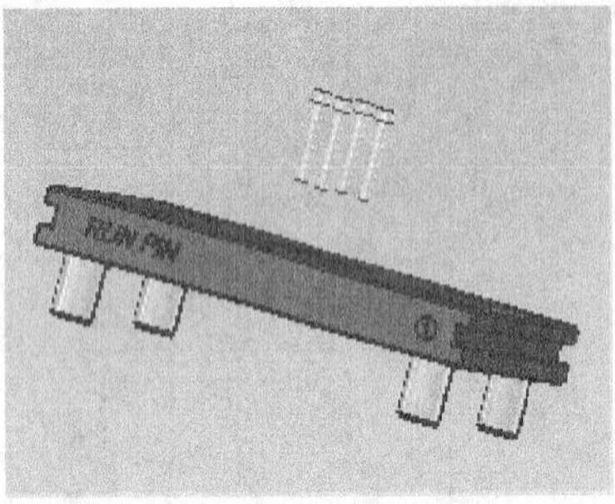		
8			
9	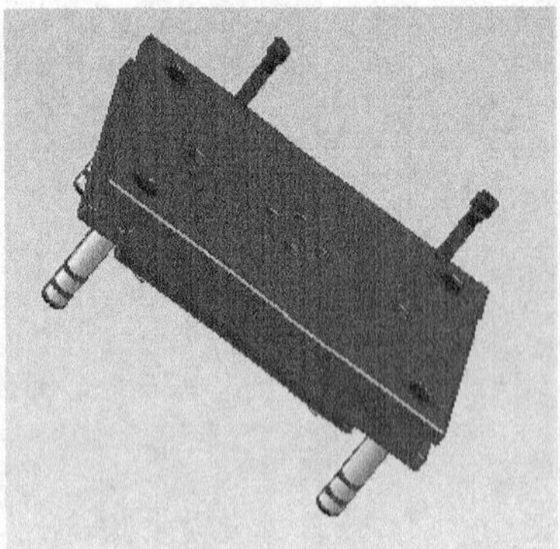		

续表

序号	实物图	使用工具	过程描述
10	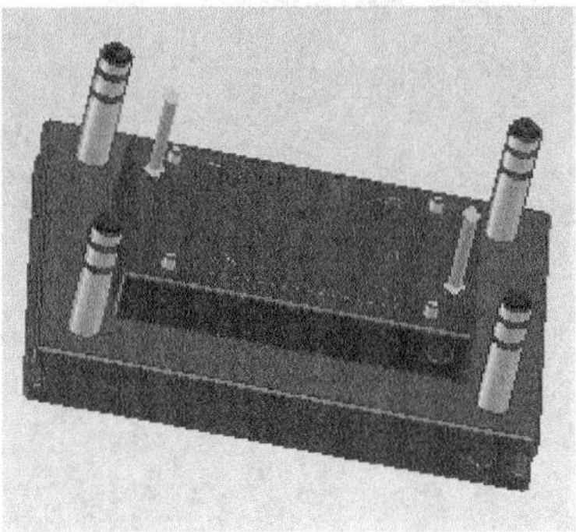		
11	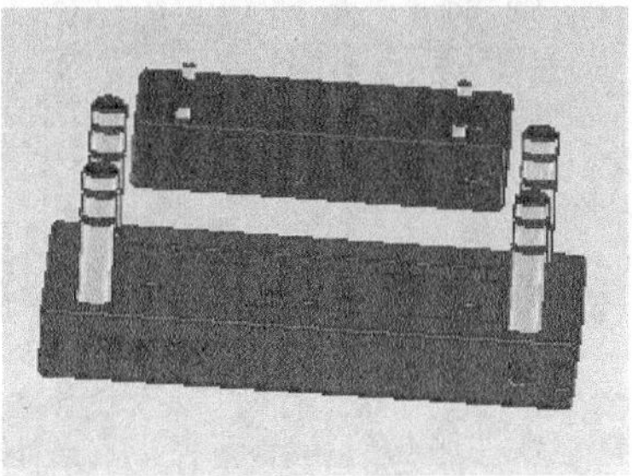		
12	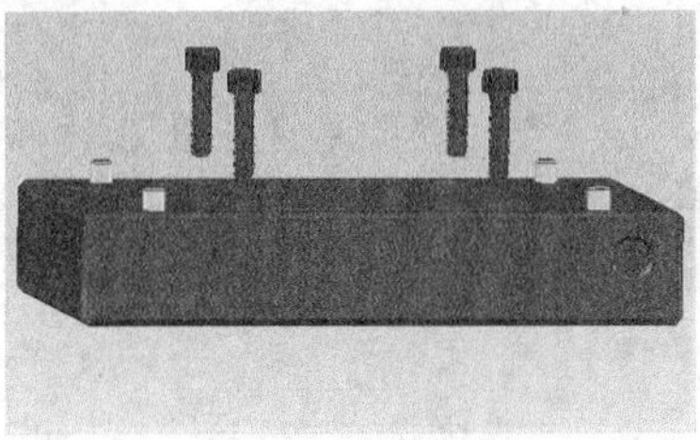		
13			
14	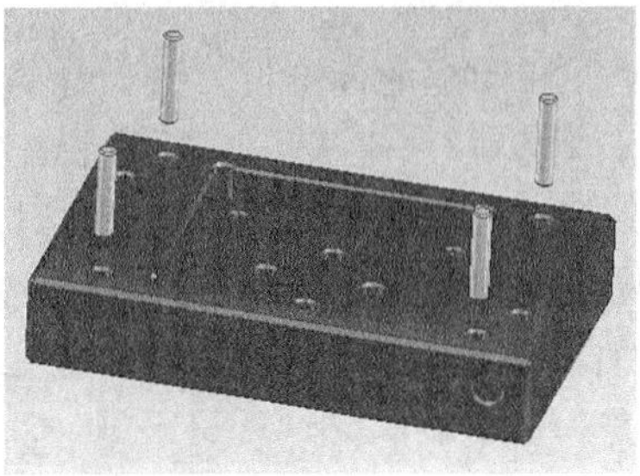		

学习活动四　冲孔模的装配

学习目标

（1）能知道凸凹模的固定方法。

（2）能控制凸凹模的间隙、装配模架。

（3）会螺钉及销钉的装配方法。

（4）能说出单工序冲孔模的装配工艺过程。

（5）在老师的指导下完成冲孔模的装配。

建议学时　8学时

学习过程

在模具装配之前，需要先认识模具装配相关知识——装配模具常用工具、模具结构图、模具标准件。

一、冲模装配知识

（1）冲模装配的技术要求，包括________________________。

（2）冲模的装配方法，主要有________和________。

（3）冲模的装配，最主要的是应保证______________。一般来说，在进行冲模装配前，应先选择装配______。选择基准件的原则应按照冲模主要零件加工时的______确定。一般可在装配时作为基准件的主要有___、凹模、____、导向板等。

（4）组件装配是指冲模在总装配之前，将两个以上的零件按照______及规定的技术要求连接成一个组件的局部装配工作。如凸模和凹模与其_____的组装、________的组装与推件机构各零件的组装等。

（5）总装配是将零件及组件连接而成为模具整体的全过程。在总装配前，应选好装配好的__________和安排好________的装配顺序。

二、拟定装配顺序及方法

（1）按顺序装配模具：按拟定的顺序将全部模具零件装回原来位置。注意正反方向，防止漏装，其他注意事项与拆卸模具相同，遇到零件受损不能进行装配时，应在老师指导下使用工具修复受损零件后再装配。

（2）装配后检查：观察装配后模具是否与拆卸前一致，检查是否有错装和漏装等现象。

（3）绘制模具总装图：绘制模具草图时在图上记录有关尺寸。

三、装配的目的和内容

按照模具的技术要求，将加工完成符合设计要求的零件和购配的标准件，按设计的工艺进行相互配合、定位与安装、连接与固定成为模具的过程，称为模具装配。模具的装配有组件（部件）装配、总装和调试等阶段，整个装配过程中的调试工作极为重要，在组装尤其是在总装中，常常反复装拆、调整、修配，直至试模合格才算装配完成。

模具的质量和使用寿命不仅与模具零件的加工质量有关，更与模具的装配质量有关。比如一副冲孔模，凸模、凹模的尺寸在加工时虽已得到保证，但是，如果装配时调整得不好，凸模、凹模配合间隙不均匀，冲制的工件质量就差，甚至会出废品，模具的寿命也会大大地降低。

四、装配的精度要求和装配的工艺

评定模具精度等级、质量与使用性能的技术要求为：

（1）通过装配与调整，使装配尺寸链的精度能完全满足封闭环（如冲模凸、凹模之间的间隙）的要求。

（2）装配完成的模具，其冲压、塑料注射、压铸出的制件（冲件、塑件、压铸件）完全满足技术要求。

（3）装配完成的模具使用性能与寿命，可达预期设定的、合理的数值与水平。模具使用性能与寿命与模具装配精度和装配质量有关；还与制件材料、尺寸有关；与其配用的成形设备有关，如冲模配用的冲床精度与刚度不良，则影响到冲模凸、凹模之间间隙的变化和模具的导向精度等。另外，其性能与寿命还与使用、维护有关，如使用环境的温度、湿度、润滑状态等。

五、冲孔模装配过程（表 1-9）

表 1-9　冲孔模装配过程

序号	实物图	使用工具	过程描述
1			冲孔模装配爆炸图一
2			下模装配爆炸图
3		铜棒	取出下模座板，装入挡料销，用铜棒敲入挡料销

续表

序号	实物图	使用工具	过程描述
4	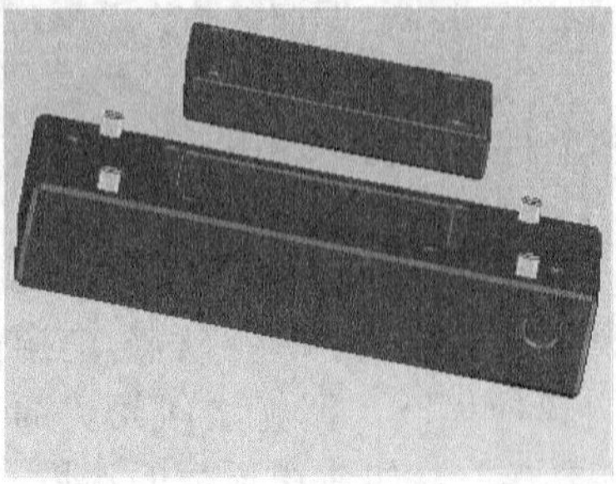	手动	清理零件接触面，对准装配基准，安装凹模
5		对应的六角扳手	锁紧凹模对角固定螺钉
6	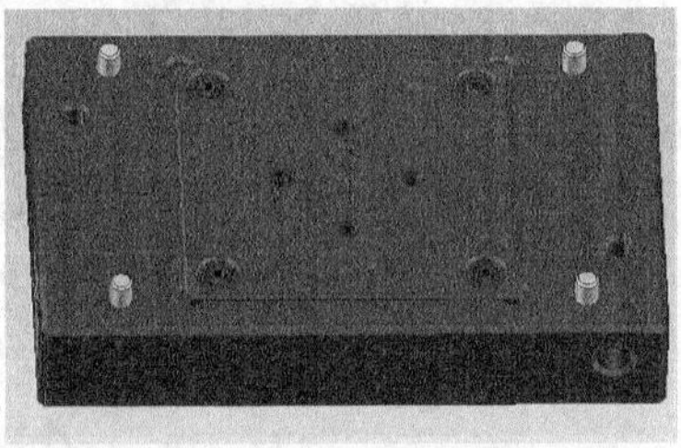	铜棒，对应的六角扳手	清理零件接触面，拧紧固定螺钉
7	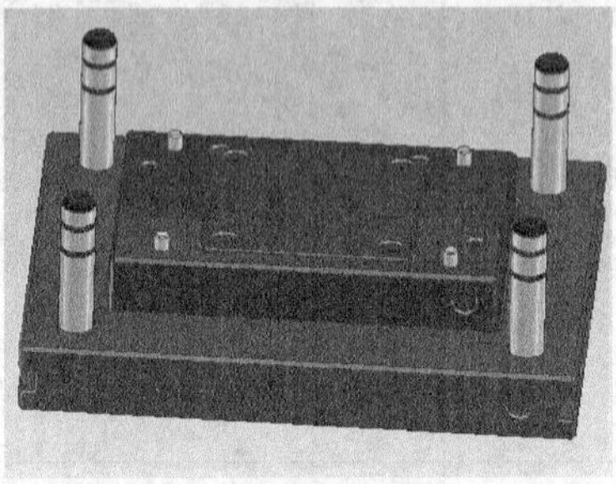	手动	对准装配基准，安装凹模固定板
8	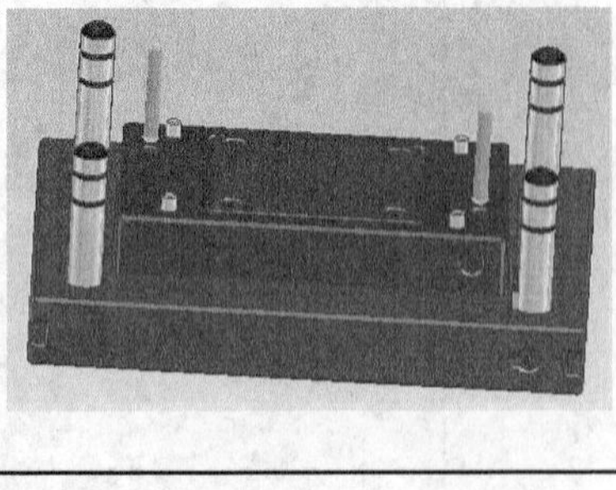	铜棒	对准装配基准，安装凹模固定板，用铜棒敲入定位销

续表

序号	实物图	使用工具	过程描述
9	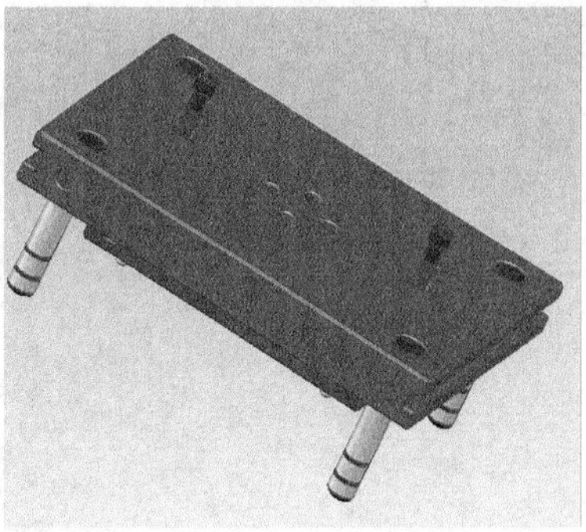	对应六角扳手	锁紧下模座板与凹模固定板的螺钉
10	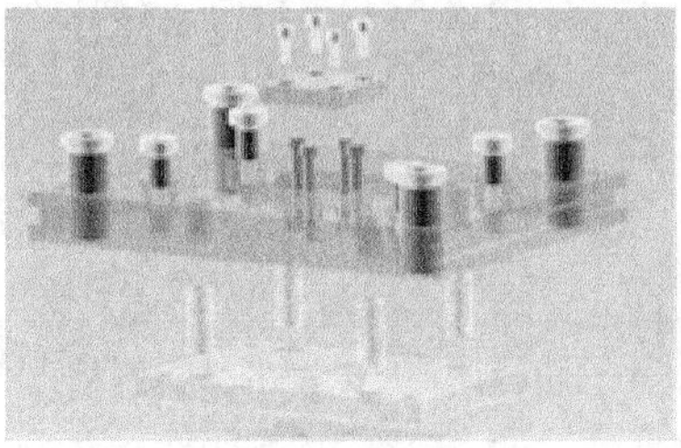		上模装配爆炸图
11	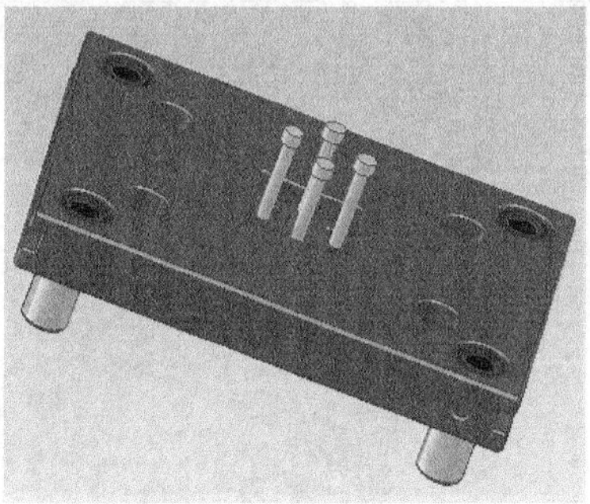	手动	清理零件接触面、装入冲头
12	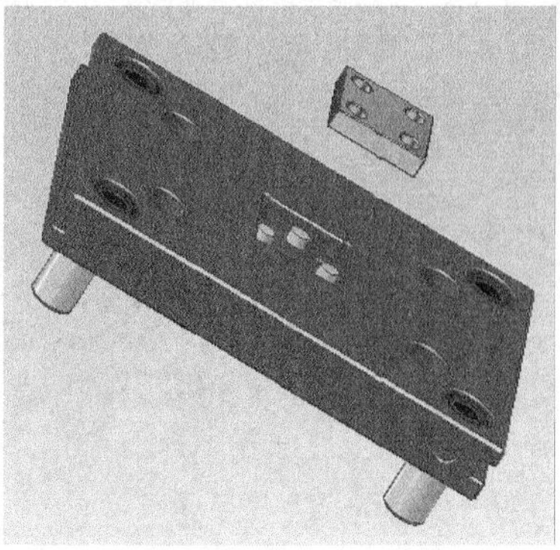	铜棒	使用铜棒轻轻敲紧冲头压块

续表

序号	实物图	使用工具	过程描述
13	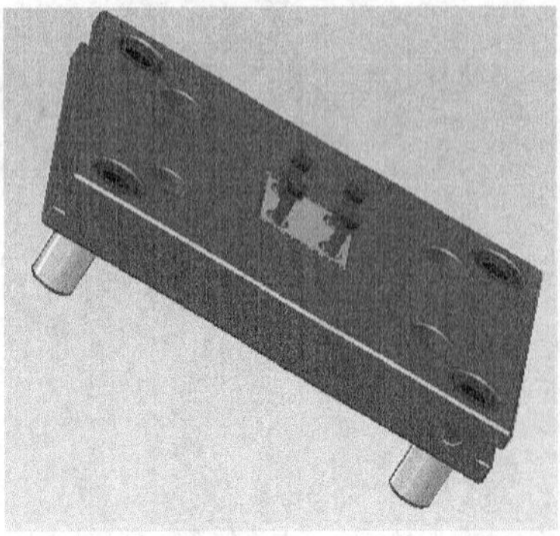	对应的六角扳手	锁紧冲头压块与上模座板的螺钉
14	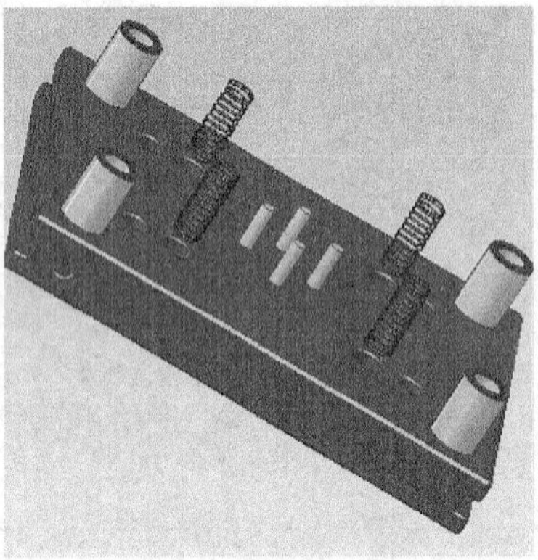	手动	放入压料板弹簧
15	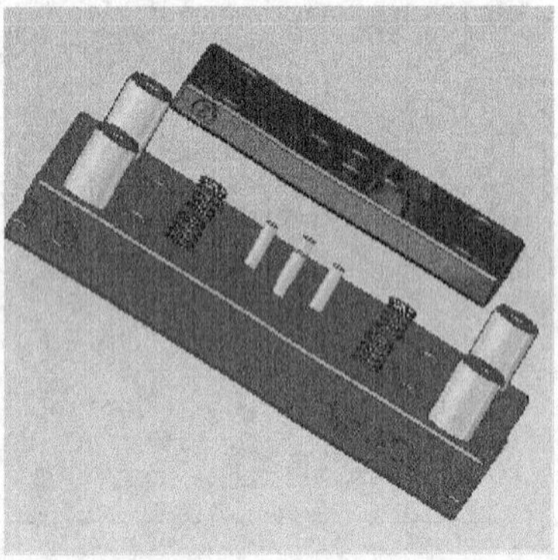	手动	对应模具基准放入压料板
16	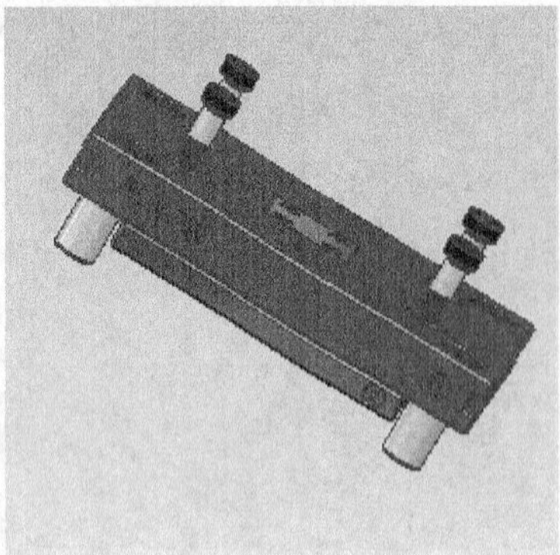	对应的六角扳手	锁紧压料板的限位拉杆

续表

序号	实物图	使用工具	过程描述
17		手动，防锈油	取出上、下模，用防锈油喷洒合模表面
18		手动、橡胶锤	对准装配基准，安装上模与下模，用橡胶锤敲紧上下模进行合模

请按照正确顺序排列冲孔模装配过程：

(1) 装配导柱　(2) 装配冲头　(3) 装配压料板　(4) 装配凹模固定板
(5) 装配凹模　(6) 装配凸模　(7) 装销钉　(8) 调整间隙
(9) 打刻编号　(10) 装配导柱　(11) 总装配

正确顺序是：

学习活动五　工作总结与综合评价

学习目标

(1) 能结合自身任务完成情况，正确规范撰写工作总结（心得体会）。
(2) 能按分组情况，分别派代表展示工作成果，说明拆装情况，并作出分析总结。
(3) 能就本次任务中出现的问题，提出改进措施。
(4) 能对学习与工作进行反思总结，并能与他人开展良好合作，进行有效的沟通。

建议学时

2 学时

一、个人评价

在小组内每个人先对完成情况进行评价总结，再由小组推荐代表向全班作小组总结。评价完成后，根据其他组成员对本组的评价意见进行归纳总结，完成自我评价总结的撰写。

拆装结果展示

根据上面检测所得分数，填写表1-10（此表的成绩占总成绩的30%）。

表1-10 拆装合格率汇总表

单位名称		模具类型	模具名称	日期
序号	小组名称	正确拆装数量	不正确拆装数量	产品合格率

注：表中所算得出产品合格率即为小组成员的成绩，如，某一小组的产品合格率为80%，则该组成绩为80分。

二、小组互评（表1-11）

表1-11 小组互评表（占总成绩20%）

被评小组名称：		
被评小组成员：		
序号	评价项目	评价(1～10)
1	团队合作意识,注重沟通	
2	能自主学习及相互协作,尊重他人	
3	学习态度积极主动,能参加安排的活动	
4	服从教师的教学安排,遵守学习场所管理规定,遵守纪律	
5	能正确地领会他人提出的学习问题	
6	遵守学习场所的规章制度	
7	工作岗位的责任心	
8	学习过程全勤	
9	学习主动	
10	能正确对待肯定和否定的意见	
11	团队学习中主动与合作的情况如何	
合计		

参与评价的同学签名：________　　　　　　________年________月____日

表格填写说明：

（1）表 1-11 由其他小组进行评价填写，自己小组的成员不参与自己小组的评价；

（2）每一项的填写都要经过小组大部分人员的认可方可下定分数；

（3）填写过程必须客观公正地对待。

三、教师评价（占总成绩 50%）

请在教师引导下根据表现由小组进行评价，再由指导教师给出考核结果（表 1-12）。

表 1-12　考核结果表（教师填写）

单位名称		班级学号		姓名		成绩	
		模具类型		零件名称			
序号	评价项目	考核内容		所占比率/%		得分	
1	工作服和防护穿戴	按工作服和防护穿戴情况考核		10			
2	选用拆装工具情况	按选用拆装工具情况考核		15			
3	操作熟练度	按操作情况考核		20			
4	拆装过程情况	按工序卡片填写情况考核		20			
5	拆装正确率	按模具拆装正确率考核		20			
6	安全文明生产	按要求着装		10			
		操作规范，不损坏设备					
7	团队协作	能与小组成员和谐相处，互相学习，互相帮助，不一意孤行		5			
合计				100			

教师签名：__________　　　　　　　　　　　　______年______月______日

学习活动六　冲孔模的安装与调试

学习目标

（1）能掌握冲床的类型、组成及技术参数。

（2）会选用适当的冲压机。

（3）能熟练操作冲压机。

（4）知道模具安装前的准备工作和安装步骤。

（5）能正确地把模具安装到冲压机。

（6）能分析出冲压产品不良现象的原因。

（7）能提出解决冲压产品不良现象的措施。

（8）能熟练掌握冲模的调试方法。

（9）能结合实际对冲模进行维护与维修。

（10）能主动获取有效信息，拥有踏实严谨、精益求精的学习态度以及敬业爱岗、团结协作的工作作风。

（11）能按车间现场管理规定和要求，整理现场，并填写保养记录。

（12）能主动获取有效信息，展示工作成果，对学习与工作进行总结反思，能与他人合作，进行有效沟通。

建议学时 8学时

工作情景描述

某企业要生产新产品，要对设计生产的落料模模具进行拆装调试，任务下达到总装车间。你作为车间工作人员，请按要求拆卸并测绘该落料模模具，完成维护保养、故障分析及维修，并进行装配调试。直到模具工作情况正常，得到合格的制件时才能交付使用。

工作流程与活动

1. 任务一　冲孔模的安装与调试　（6学时）
2. 任务二　工作总结与综合评价　（2学时）

任务一　冲孔模的安装与调试

学习目标

（1）能掌握冲床的类型、组成及技术参数。
（2）会选用适当的冲压机。
（3）能熟练操作冲压机。
（4）知道模具安装前的准备工作和安装步骤。
（5）能正确地把模具安装到冲压机。

建议学时 6学时

学习过程

一、学习基础知识

模具在试模或安装使用前，应做如下几方面的准备工作。

（1）检查模具的安装条件。

① 检查模具的________是否与冲压机相符。
② 检查冲压机的________是否满足冲模工艺力的要求。
③ 确定冲模的__________位置是否与冲压机相适应。
④ 冲压机的______是否与模具相匹配。
⑤ 模具打料杆的__________是否与冲压机上的打料机构相适应。

（2）检查冲压机的工作状态。

① 检查冲压机的____________及操作机构是否工作正常。
② 检查冲压机上的________，并调整到适当位置，以免顶坏打料机构。
③ 检查冲压机上的__________的操作是否灵活、可靠。

（3）检查冲模的表面质量。

① 根据冲模图样检查主要工作零件的尺寸和形位精度。

② 检查冲模零件是否齐全。

③ 检查冲模表面是否符合技术要求。

④ 查明各部分配合面的间隙以及有无变形和裂纹等缺陷。

（4）模具清洗。

① 常用清洗液一般有____________________或专用的清洗剂。

② 清洁办法：先用毛刷清洗模具的污物，再用压缩空气吹扫，最后用不起毛的布擦干。

（5）布置好装配工作场地。将装配工作台案清理干净，并准备好装配时所需的工具、夹具、量具以及一些辅助设备和材料。

冲压机（图 1-4）是用来提供动力和运动的设备，以便对模具中的材料实现压力加工，常见的有曲柄冲压机、摩擦冲压机和液压冲压机等。曲柄冲压机属于机械传动类冲压机，是重要的压力加工设备，能完成各种冲压工艺，直接生产出半成品或制品。曲柄冲压机的工作原理

(a) 摩擦冲压机

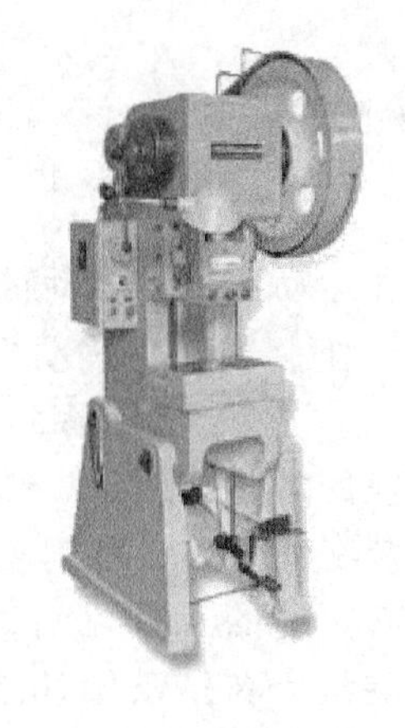

(b) 曲柄冲压机

(c) 微型冲压机

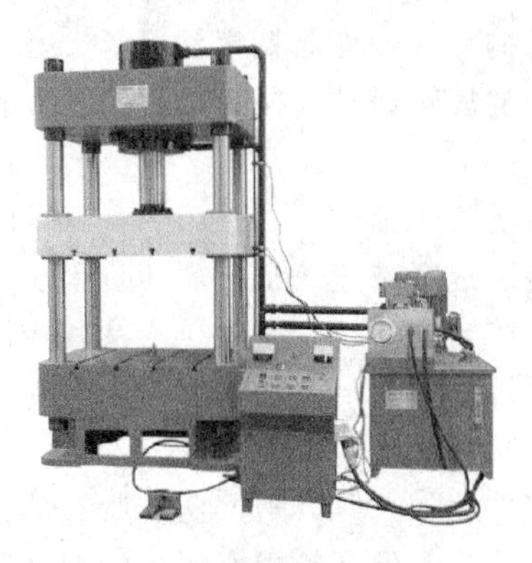

(d) 液压冲压机

图 1-4　冲压机

提示：其中微型冲压机是本次安装实训使用的设备之一。

如图 1-5 所示。

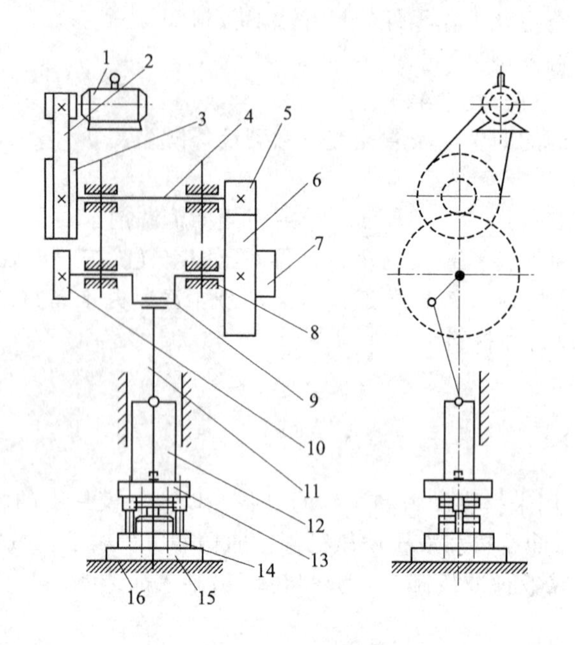

图 1-5　曲柄冲压机的工作原理

1—电动机；2—小带轮；3—大带轮；4—中间传动轴；5—小齿轮；6—大齿轮；7—离合器；8—机身；9—曲轴；10—制动器；11—连杆；12—滑块；13—上模；14—下模；15—垫板；16—工作台

电动机 1 的能量和运动通过带传动传递给中间传动轴 4，再由齿轮 5 和 6 传动给曲轴 9，经连杆 11 带动滑块 12 作上下直线移动。因此，曲轴的＿＿＿＿＿＿＿＿通过连杆变为滑块的＿＿＿＿＿＿＿。将上模 13 固定于滑块上，下模 14 固定于工作台垫板 15 上，冲压机便能对置于上、下模间的材料加压，依靠模具将其冲成工件，实现压力加工。由于工艺需要，曲轴两端分别装有离合器 7 和制动器 10，以实现滑块的＿＿＿＿或＿＿＿＿。冲压机在整个工作周期内有负荷的工作时间很短，大部分时间为空程运动。为了使电动机的负荷均匀和有效地利用能量，在传动轴端装有飞轮，起到＿＿作用。该机上的大带轮 3 和大齿轮 6 均起飞轮的作用。

从上述工作原理可以看出，曲柄冲压机一般由以下几个部分组成：

(1) 工作机构：一般为曲柄滑块机构，由＿＿、＿＿、＿＿、＿＿等零件组成。其作用是将传动系统的旋转运动变换为滑块的往复直线运动；承受和传递工作压力；在滑块上安装模具。

(2) 传动系统：包括＿＿＿和＿＿＿等机构。将电动机的能量和运动传递给工作机构，并对电动机的转速进行减速获得所需的行程次数。

(3) 操纵系统：如＿＿＿、＿＿＿及其控制装置。用来控制冲压机安全、准确地运转。

(4) 能源系统：如＿＿＿和＿＿＿。飞轮能将电动机空程运转时的能量储存起来，在冲压时再释放出来。

(5) 支承部件：如＿＿，把冲压机所有的机构连接起来，承受全部工作变形力和各种装置的各个部件的重力，并保证整机所要求的精度和强度。

此外，还有各种辅助系统和附属装置，如＿＿＿＿＿＿＿＿＿＿＿＿＿＿＿＿＿＿＿＿＿＿＿＿＿＿＿＿＿等。

观看模具安装视频，对冲压模安装先有个感性的认识。

二、请写出图 1-6 冲压机的名称

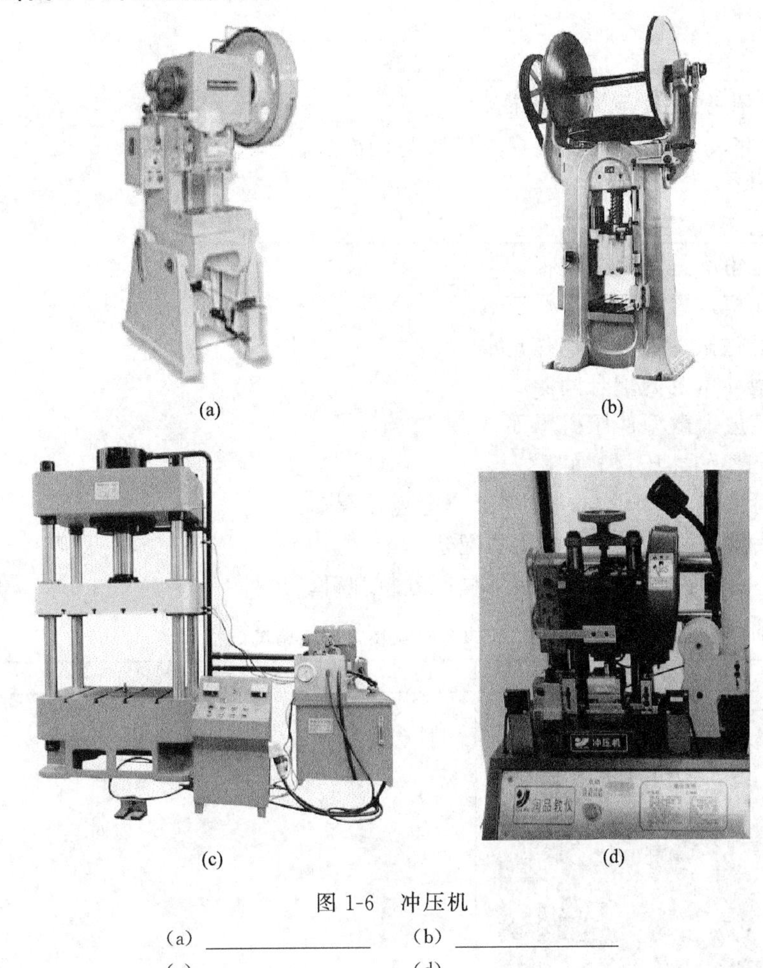

(a)　　(b)

(c)　　(d)

图 1-6　冲压机

（a）________　（b）________

（c）________　（d）________

三、填空题

请写出图 1-7 中部件名称。

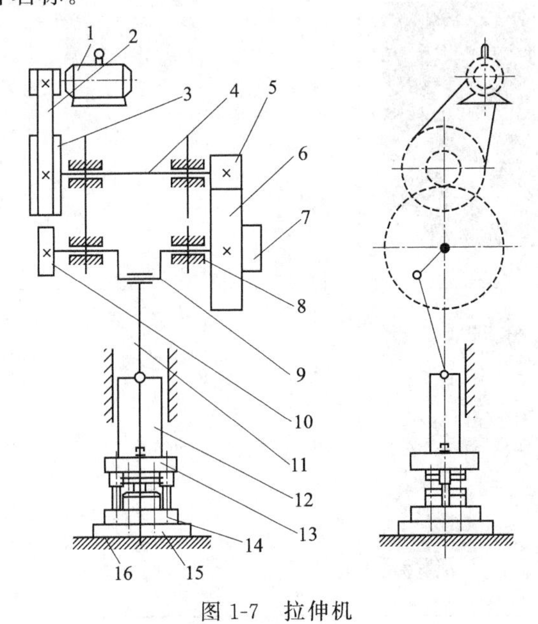

图 1-7　拉伸机

1—________；2—小带轮；3—________；4—中间传动轴；5—________；6—大齿轮；7—离合器；8—________；9—曲轴；10—________；11—________；12—滑块；13—________；14—下模；15—________；16—________

四、观看冲孔模安装与调试的视频

观看视频并完成表1-13冲孔模模具安装与调试过程。

过程描述：

A. 把冲压材料安装在冲孔模上。

B. 利用内六角旋具固定下模板。

C. 调整冲孔模位置，把模具放正。

D. 冲孔模通过微型冲压机制作产品。

E. 微调微型冲压机的配合间隙。

F. 把冲孔模放入微型冲压机里面。

G. 调整冲孔模的冲压材料间隙。

H. 利用扳手固定联动轴与冲孔模上模座连接螺钉。

I. 利用扳手调整联动轴与上模架的配合。

J. 利用扳手固定联动轴与冲孔模下模座连接螺钉。

表1-13 冲孔模模具安装与调试过程

序号	冲孔模安装与调试(图示)	过程描述
1		
2		
3		

续表

序号	冲孔模安装与调试(图示)	过程描述
4	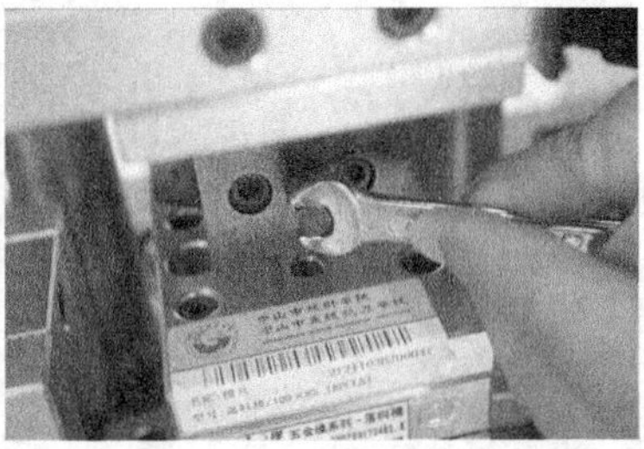	
5		
6		
7		
8	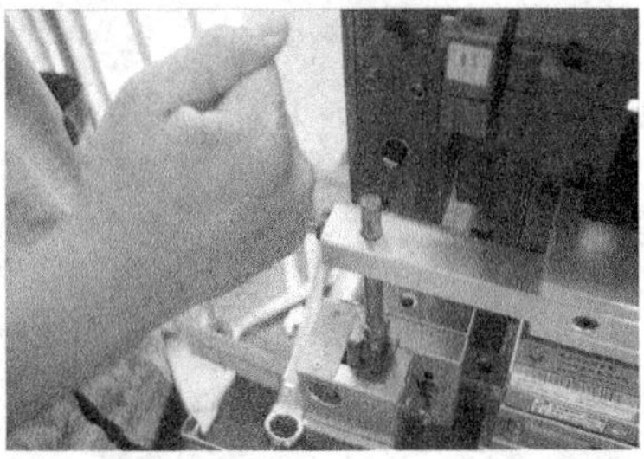	

续表

序号	冲孔模安装与调试(图示)	过程描述
9		
10		

请同学们分组按照以上操作步骤，对冲孔模进行安装与调试。

任务二　工作总结与综合评价

学习目标

（1）能结合自身任务完成情况，正确规范撰写工作总结（心得体会）。

（2）能按分组情况，分别派代表展示工作成果，说明拆装情况，并作出分析总结。

（3）能就本次任务中出现的问题，提出改进措施。

（4）能对学习与工作进行反思总结，并能与他人开展良好合作，进行有效的沟通。

建议学时

2 学时

学习过程

一、能结合自身任务完成情况，正确规范撰写工作总结（心得体会）。

工作总结（心得体会）

二、个人评价

在小组内每个人先对完成情况进行评价总结，再由小组推荐代表向全班作小组总结。评价完成后，根据其他组成员对本组的评价意见进行归纳总结，完成自我评价总结的撰写。

安装与调试结果展示

根据上面检测所得分数，填写表1-14（此表的成绩占总成绩的30%）。

表1-14 安装与调试合格率汇总表

单位名称		模具类型	模具名称	日期
序号	小组名称	正确安装与调试数量	不正确安装与调试数量	安装与调试合格率

注：表中所算得出产品合格率即为小组成员的成绩，如，某一小组的产品合格率为80%，则该组成绩为80分。

三、小组互评（表1-15）

表1-15 小组互评表（占总成绩20%）

被评小组名称：		
被评小组成员：		
序号	评价项目	评价(1～10)
1	团队合作意识,注重沟通	
2	能自主学习及相互协作,尊重他人	
3	学习态度积极主动,能参加安排的活动	
4	服从教师的教学安排,遵守学习场所管理规定,遵守纪律	
5	能正确地领会他人提出的学习问题	
6	遵守学习场所的规章制度	
7	工作岗位的责任心	
8	学习过程全勤	
9	学习主动	
10	能正确对待肯定和否定的意见	
11	团队学习中主动与合作的情况如何	
合计		

参与评价的同学签名：________ ____年____月____日

表格填写说明：

(1) 表 1-15 由其他小组进行评价填写，自己小组的成员不参与自己小组的评价；

(2) 每一项的填写都要经过小组大部分人员的认可方可下定分数；

(3) 填写过程必须客观公正地对待。

四、教师评价（占总成绩 50%）

请在教师引导下根据表现由小组进行评价，再由指导教师给出考核结果（表 1-16）。

表 1-16　考核结果表（教师填写）

<table>
<tr><td rowspan="2">单位名称</td><td rowspan="2"></td><td>班级学号</td><td></td><td>姓名</td><td></td><td>成绩</td><td></td></tr>
<tr><td>模具类型</td><td></td><td>零件名称</td><td colspan="3"></td></tr>
<tr><td>序号</td><td>评价项目</td><td colspan="2">考核内容</td><td colspan="2">所占比率/%</td><td colspan="2">得分</td></tr>
<tr><td>1</td><td>工作服和防护穿戴</td><td colspan="2">按工作服和防护穿戴情况考核</td><td colspan="2">10</td><td colspan="2"></td></tr>
<tr><td>2</td><td>选用安装与调试工具情况</td><td colspan="2">按选用安装与调试工具情况考核</td><td colspan="2">15</td><td colspan="2"></td></tr>
<tr><td>3</td><td>操作熟练度</td><td colspan="2">按操作情况考核</td><td colspan="2">20</td><td colspan="2"></td></tr>
<tr><td>4</td><td>安装与调试过程情况</td><td colspan="2">按工序卡片填写情况考核</td><td colspan="2">20</td><td colspan="2"></td></tr>
<tr><td>5</td><td>安装与调试正确率</td><td colspan="2">按模具安装与调试正确率考核</td><td colspan="2">20</td><td colspan="2"></td></tr>
<tr><td rowspan="2">6</td><td rowspan="2">安全文明生产</td><td colspan="2">按要求着装</td><td colspan="2" rowspan="2">10</td><td colspan="2" rowspan="2"></td></tr>
<tr><td colspan="2">操作规范，不损坏设备</td></tr>
<tr><td>7</td><td>团队协作</td><td colspan="2">能与小组成员和谐相处，互相学习，互相帮助，不一意孤行</td><td colspan="2">5</td><td colspan="2"></td></tr>
<tr><td colspan="4">合计</td><td colspan="2">100</td><td colspan="2"></td></tr>
</table>

教师签名：________　　　　　　　　　　________年________月________日

学习任务二　哈夫模的拆卸与装配

学习目标

（1）能说出塑料模具拆装场地和常用设备。
（2）会使用拆卸工具。
（3）能使用合理选用工具。
（4）能拆卸简单注塑模。
（5）能把模具装配复原。
（6）能主动获取有效信息，拥有踏实严谨、精益求精的学习态度以及敬业爱岗、团结协作的工作作风。
（7）能按车间现场管理规定和要求，整理现场，并填写保养记录。
（8）能主动获取有效信息，展示工作成果，对学习与工作进行总结反思，能与他人合作，进行有效沟通。

建议学时　36 学时

工作情景描述

某企业要修配一套哈夫模，生产任务下达到总装车间。你作为车间装配员工，请按要求拆卸该模具，在固定板上装配好凸、凹模，并完成螺钉及销钉的装配。调试完成后交付生产车间使用。

工作流程与活动

1. 学习活动一　哈夫模结构认知　（4 学时）
2. 学习活动二　哈夫模的拆卸　（12 学时）
3. 学习活动三　哈夫模的装配　（10 学时）
4. 学习活动四　工作总结与综合评价　（2 学时）
5. 学习活动五　哈夫模的安装与调试　（8 学时）

学习活动一　哈夫模结构认知

学习目标

（1）能认识哈夫模，辨认出哈夫模。
（2）能说出哈夫模结构部件名称。
（3）能按车间现场管理规定和要求，整理现场，并填写保养记录。

建议学时　4 学时

学习过程

一、哈夫模具的知识

哈夫模见图 2-1。

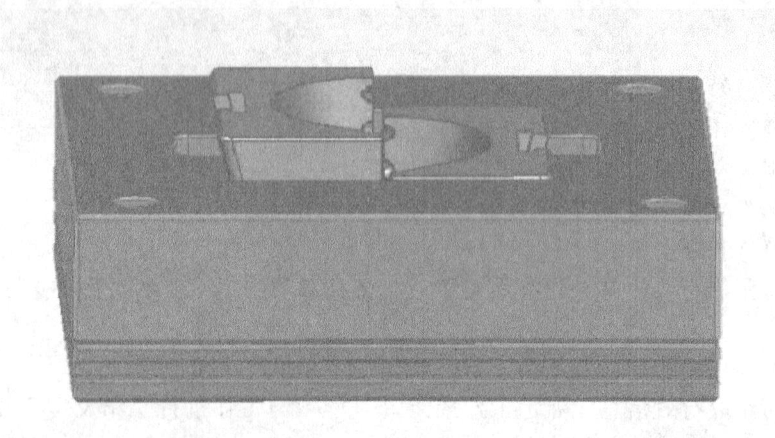

图 2-1　哈夫模

哈夫模并不是复合模，两个概念有区别。

哈夫是英文“ half ”的译音，就是一半的意思，是指模具分成两半拼合的。在管子冲模上应用最多，用两个半圆的“哈夫块”把管子夹紧再冲裁。

两个半圆实际上还差一点点才是完整的半圆，完全拼合的时候，对管子侧面产生很大的挤压力，可以夹紧管子，但是又不会把管子夹变形。

哈夫模又称瓣合模，瓣合模模腔由两部分或更多部分组成，型腔通常由滑块成型，且滑块较大。

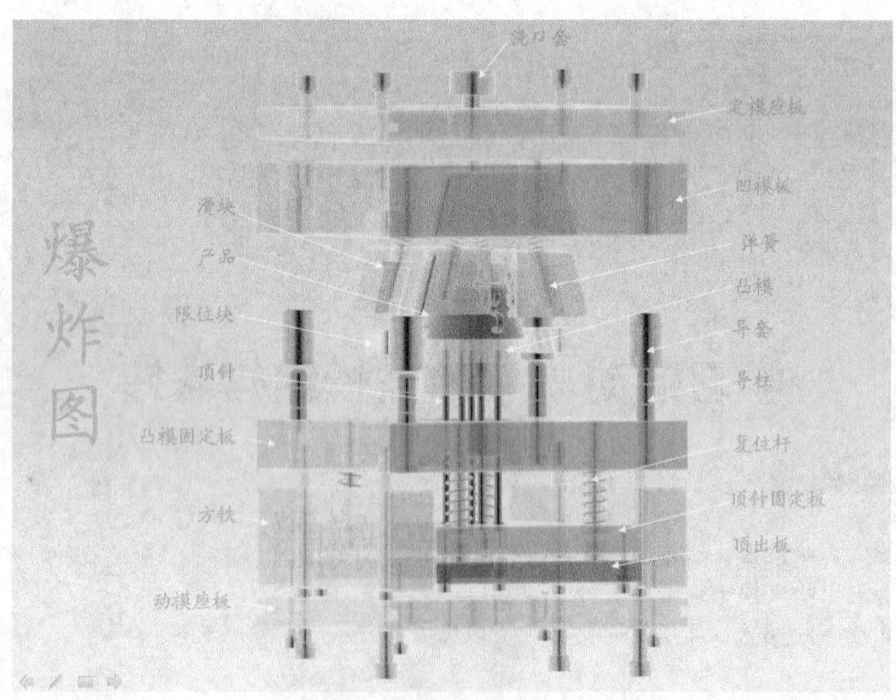

图 2-2　哈夫模结构爆炸图

广东地区（源自香港）叫哈夫模，英文“half ”的直译。

二、哈夫模结构

通过视频学习后，我们了解到哈夫模是属于塑料模具，在模具拆装之前，需要先认识哈夫模结构，清楚每个部件的名称与作用。

哈夫模的工作原理：合模时，产品外表面由两个紧紧合拢的大行位成型，内表面由后模型芯成型。开模后，产品因包紧型芯随动模一起向后运动，与此同时，成型其外表面的两个行位在其顶部弹簧力的作用下，沿着导向块完成侧抽芯。合模时，通过动模作用给行位，从而使行位沿着导向块进行合模。

哈夫模结构爆炸图见图 2-2。

通过观看教学视频，认知哈夫模零件（表 2-1）。

表 2-1　哈夫模零件

序号	实物图	名称	材料	作用用途	备注
1		塑料杯	塑料	生活用品	
2		浇口套	SUJ2	用于熔融塑料进入模具	
3		定模座板	铝合金		
4		定模板（A 板）	铝合金		

续表

序号	实物图	名称	材料	作用用途	备注
5		滑块	铝合金		
6		限位块	铝合金		
7	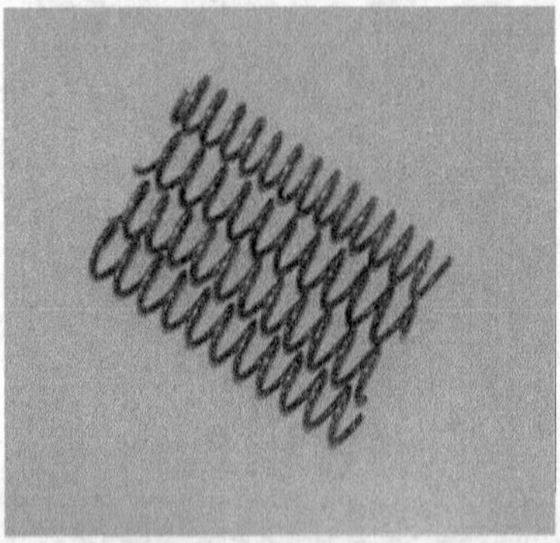	弹簧	弹簧钢		
8	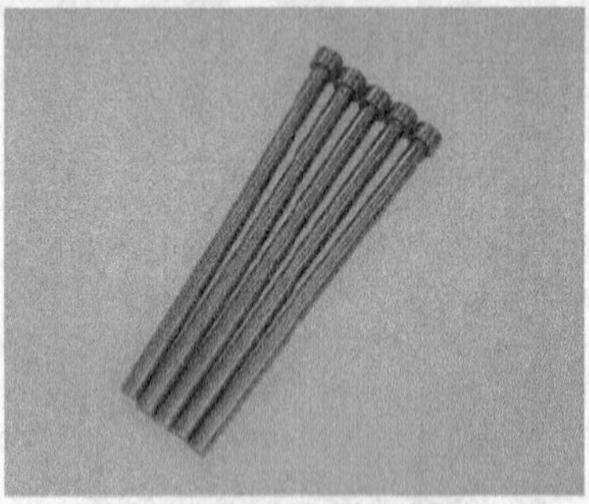	顶杆	SUJ2		
9		导柱	SUJ2		

续表

序号	实物图	名称	材料	作用用途	备注
10		动模板（B板）	铝合金		
11	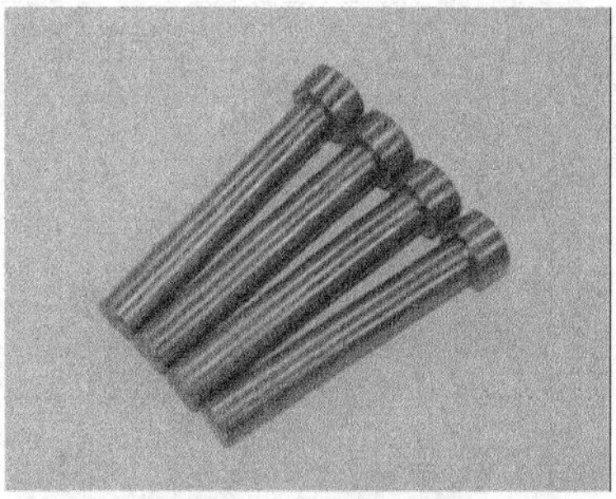	复位杆	SUJ2		
12	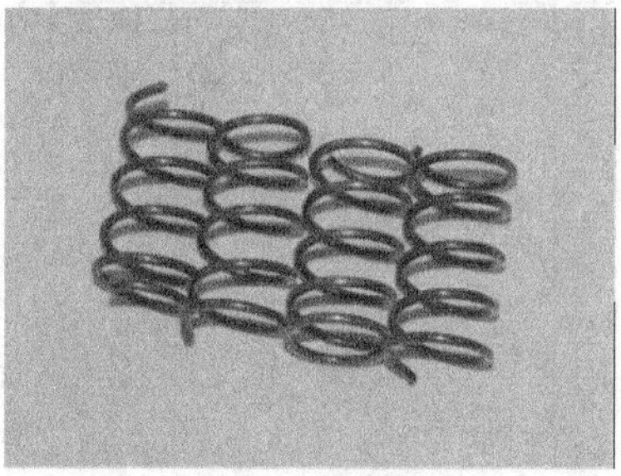	复位弹簧	弹簧钢		
13		方铁	铝合金		
14	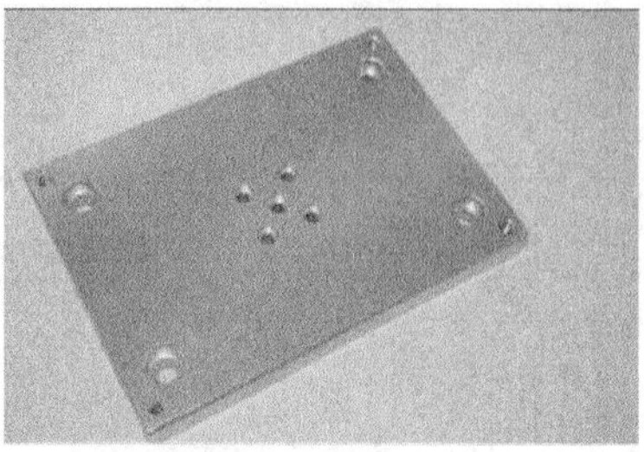	顶杆固定板	铝合金		

续表

序号	实物图	名称	材料	作用用途	备注
15		顶杆底板	铝合金		
16		动模座板	铝合金		
17	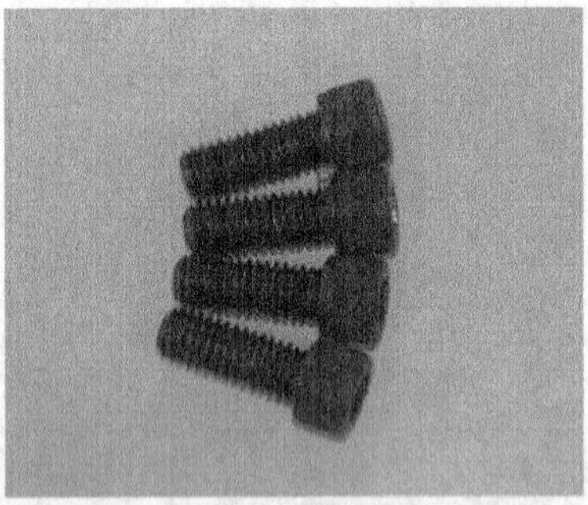	定模板固定螺钉	SCM435		
18		动模板固定螺钉	SCM435		

请在根据哈夫模各部件分类，找出相应的模具并作记录，经老师确认后在相应栏目打“√”。

动模板（　　）　顶杆底板（　　）　限位块（　　）　弹簧（　　）　浇口套（　　）
顶杆固定板（　　）复位杆（　　）　导柱（　　）　复位弹簧（　　）

学习活动二　哈夫模的拆卸

学习目标

（1）能利用正确选用的拆卸工具。

（2）能正确进行拆卸简单哈夫模。

（3）能说出哈夫模的拆卸工艺过程。

（4）在老师的指导下完成哈夫模的拆卸。

（5）能主动获取有效信息，拥有踏实严谨、精益求精的学习态度以及敬业爱岗、团结协作的工作作风。

建议学时　12 学时

学习过程

（1）配合观看哈夫模拆卸视频，注意各零部件装配关系。

（2）观看哈夫模工作过程视频，注意哈夫模的工作状态，然后完成表 2-2。

表 2-2　哈夫模拆卸过程

序号	实物图	使用工具	过程描述
1			
2			
3			

续表

序号	实物图	使用工具	过程描述
4	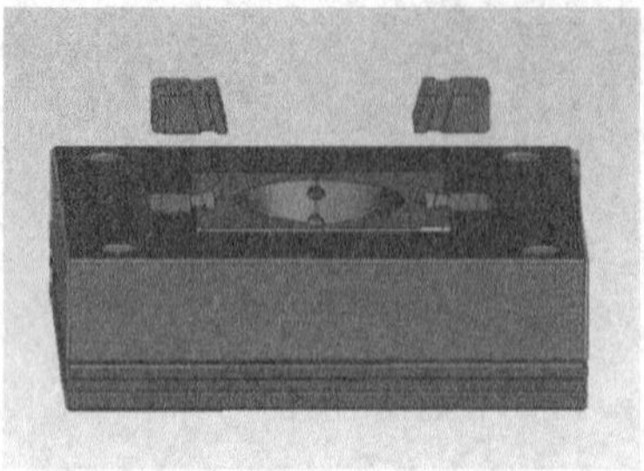		
5			
6	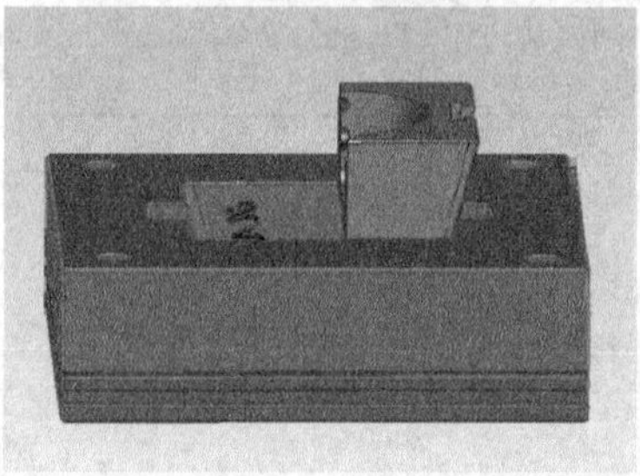		
7	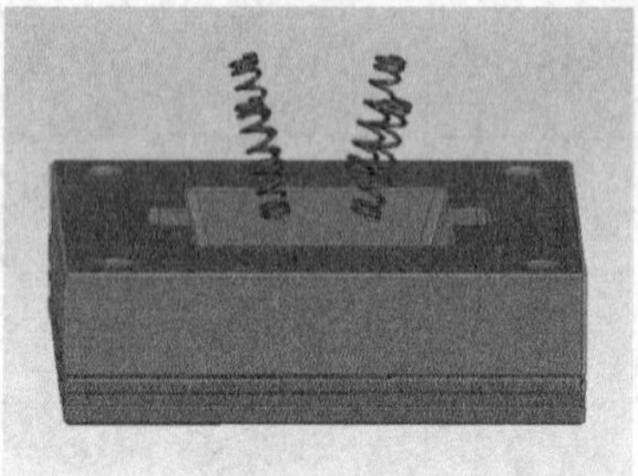		
8			

续表

序号	实物图	使用工具	过程描述
9			
10	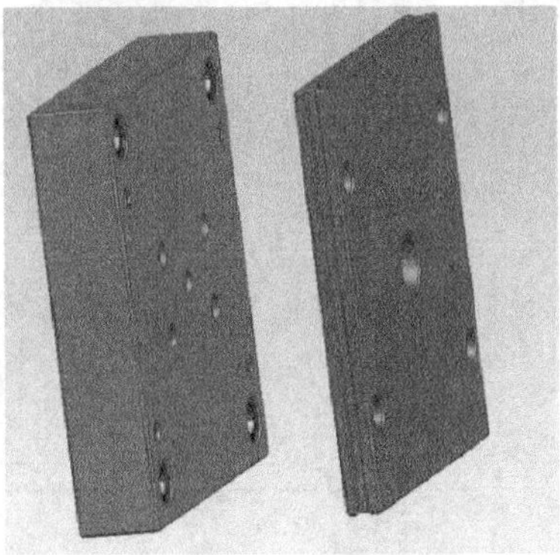		
11			
12	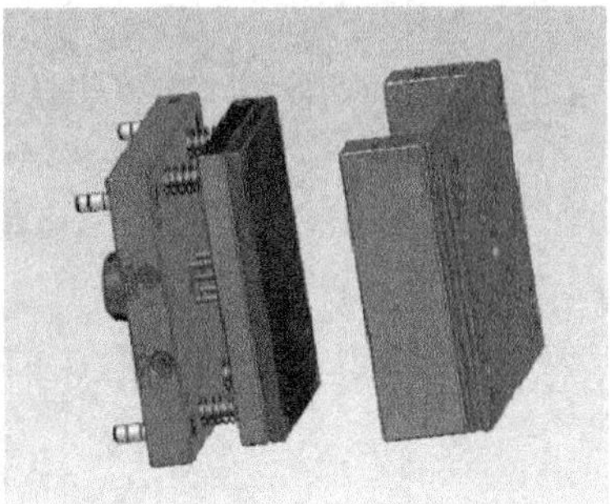		

续表

序号	实物图	使用工具	过程描述
13	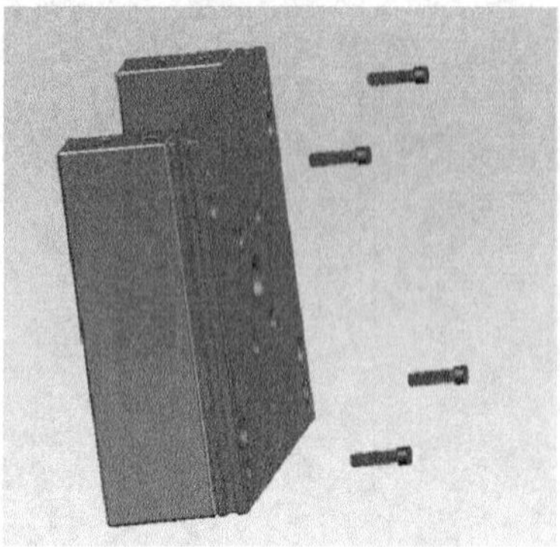		
14	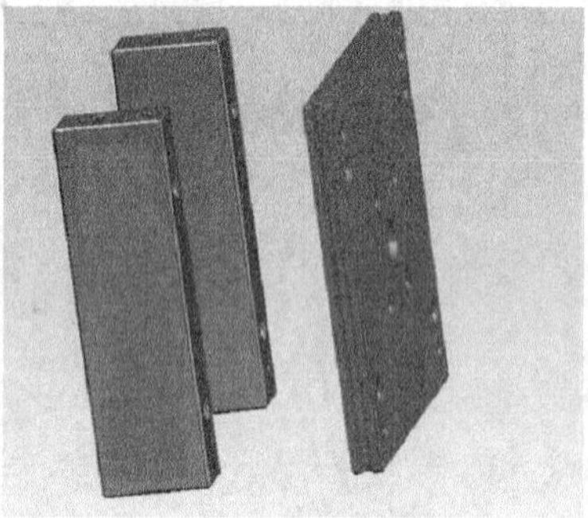		
15	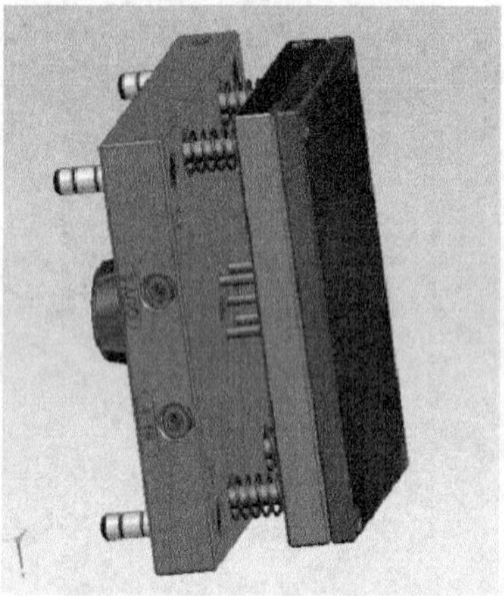		
16			

续表

序号	实物图	使用工具	过程描述
17			
18			
19	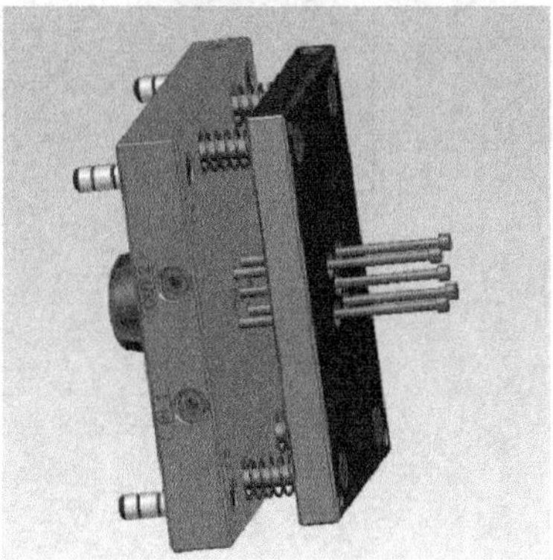		
20			

续表

序号	实物图	使用工具	过程描述
21	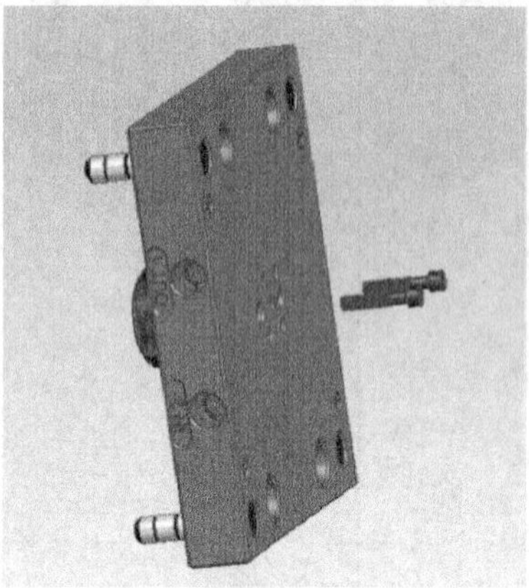		
22			
23			

观看完冲孔模具的安装与调试教学视频后，请将冲孔模模具安装与调试过程填写在表 2-2 中。填写完后，请同学们分组按照以上操作步骤，对冲孔模进行安装与调试。

A. 把浇口套拆卸下来，放入指定位置，并有序放好。

B. 清点动模拆卸后的零件数目。

C. 依次取出模具复位杆，放入指定位置，并有序放好。

D. 拿出对应的六角扳手，卸下型芯固定螺钉，放入指定位置，并有序放好。

E. 卸下型芯固定螺钉后，用铜锤与铝棒轻轻敲出型芯，把型芯放入指定位置，并有序放好。

F. 用铜棒敲出导柱，放入指定位置，并有序放好。

G. 依次取出模具顶杆，放入指定位置，并有序放好。

H. 卸下螺钉后，小心地将卸下的顶杆垫板放入指定位置，并有序放好。

I. 拿出对应的六角扳手，卸下顶杆垫板对角固定螺钉。

J. 把模具弹簧拿出，并有序放好。

K. 拿出对应的六角扳手，卸下模脚固定螺钉，并有序放好。

L. 卸下螺钉后，小心地将卸下的模脚放入指定位置，并有序放好。

M. 用橡胶锤敲出顶出部分，并有序放好。

N. 观察哈夫模外型与情况。

O. 用橡胶锤敲出动模与定模部分，并有序放好。

P. 手动取出哈夫限位块，按照相同的步骤拆卸另一限位块，并有序放好。

Q. 利用对应的六角扳手扭开和卸下压块螺钉，并有序放好。

R. 用对应的内六角扳手，卸下浇口套螺钉，用铜锤敲出浇口套。

S. 手动取出右边哈夫限位块，并有序放好。

T. 取下复位弹簧。

U. 手动取出左边哈夫限位块，并有序放好。

学习活动三　哈夫模的装配

学习目标

(1) 能知道型芯型腔的固定方法。

(2) 能控制型芯型腔的间隙、装配模架。

(3) 会螺钉及销钉的装配方法。

(4) 能说出单工序哈夫模的装配工艺过程。

(5) 在老师的指导下完成哈夫模的装配。

建议学时

10 学时

一、模具拆装时的注意事项

在模具装配之前，需要先认识模具装配相关知识——装配模具常用工具、模具结构图、模具标准件。

请认真阅读以下技巧内容，再认真完成哈夫模装配过程表。

小技巧

模具拆装时的注意事项：

(1) 模具搬运时，注意上下模（或动定模）在合模状双手（一手扶上模，另一手托下模）搬运，注意轻放、稳放。

(2) 进行模具拆装工作前必须检查工具是否正常，并按工具安全操作规程操作，注意正确使用工量具。

(3) 拆装模具时，首先应了解模具的工作性能，基本结构及各部分的重要性，按次序拆装。

(4) 使用铜棒、撬棒拆卸模具时，姿势要正确，用力要适当。

(5) 使用螺丝刀时：

① 螺丝刀口不可太薄太窄，以免紧螺丝时滑出；

② 不得将零部件拿在手上用螺丝刀松紧螺丝；

③ 螺丝刀不可用铜棒或锤子锤击，以免手柄砸裂；

④ 螺丝刀不可当凿子使用。

(6) 使用扳手时：

① 必须与螺帽大小相符，否则会打滑；

② 扳手紧螺栓时不可用力过猛，松螺栓时应慢慢用力扳松，注意可能碰到的障碍物，防止碰伤手部。

(7) 拆卸零部件应尽可能放在一起，不要乱丢乱放，注意放稳放好，工作地点要经常保持清洁，通道不准放置零部件或者工具。

(8) 拆卸模具的弹性零件时应防止零件突然弹出伤人。

(9) 传递物件要小心，不得随意投掷，以免伤及他人。

(10) 不能用拆装工具玩耍、打闹，以免伤人。

二、哈夫模装配过程

(1) 观看哈夫模装配视频，注意各零部件装配关系。

(2) 观看哈夫模工作过程视频，注意哈夫模的工作状态，然后完成表 2-3。

表 2-3 哈夫模装配过程

序号	实 物 图	使用工具	过程描述
1	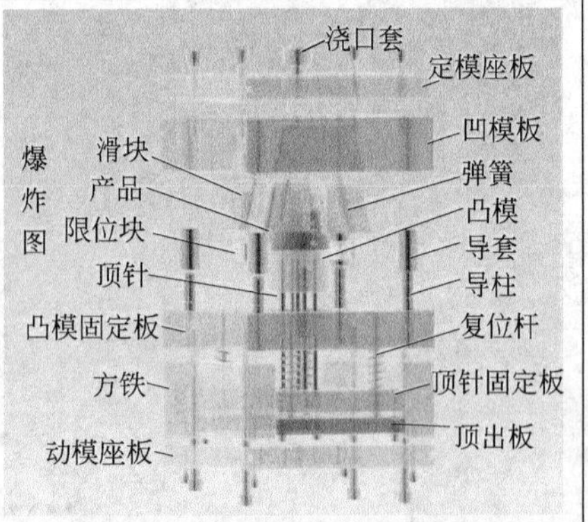 爆炸图 浇口套 定模座板 凹模板 滑块 产品 弹簧 凸模 限位块 导套 顶针 导柱 凸模固定板 复位杆 方铁 顶针固定板 动模座板 顶出板		
2			

续表

序号	实 物 图	使用工具	过程描述
3			
4	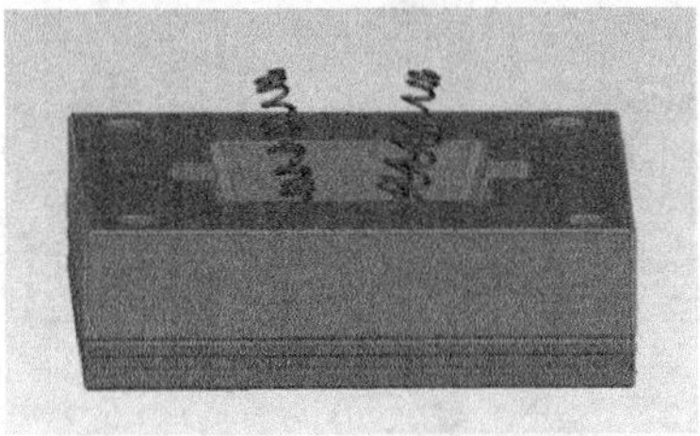		
5	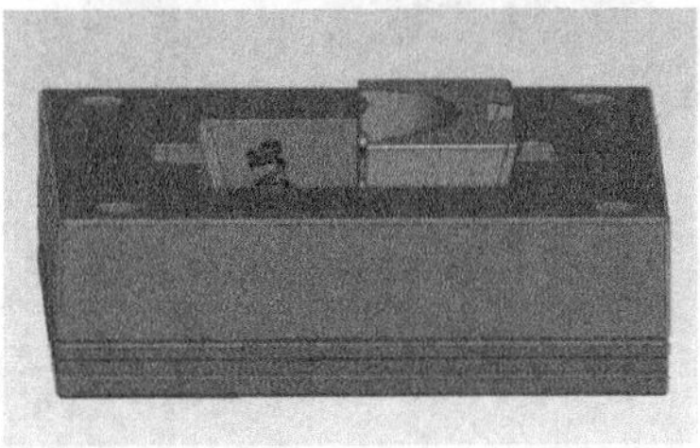		
6	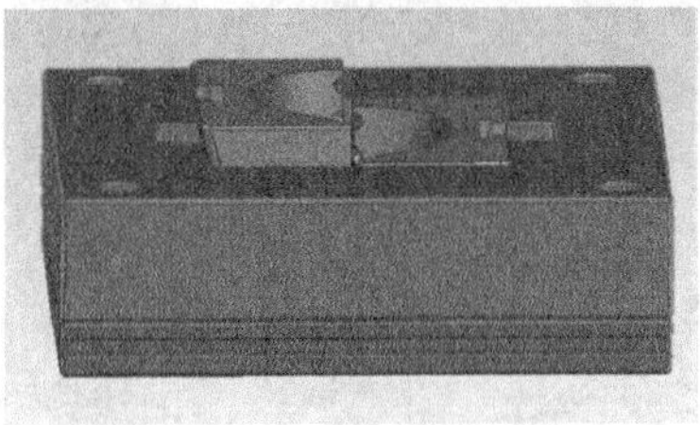		
7	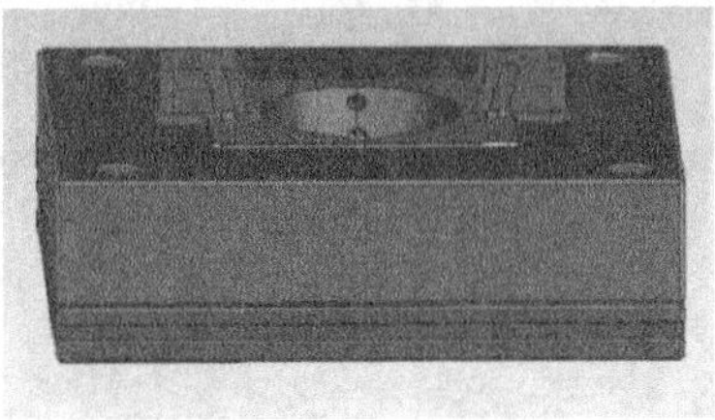		

续表

序号	实　物　图	使用工具	过程描述
8	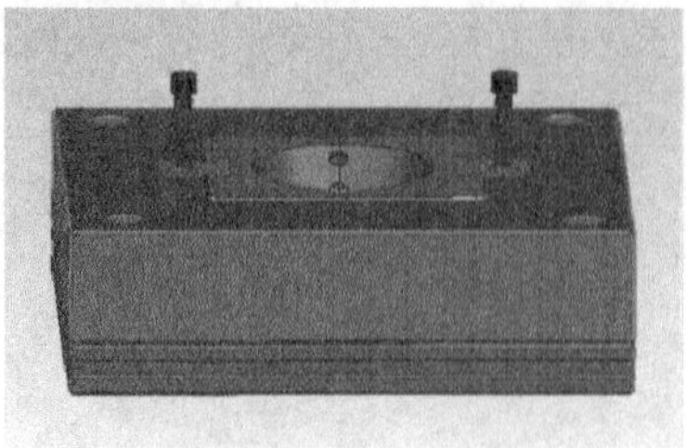		
9	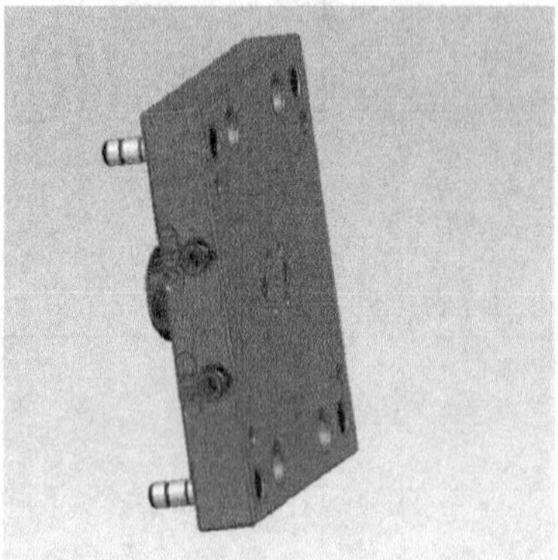		
10	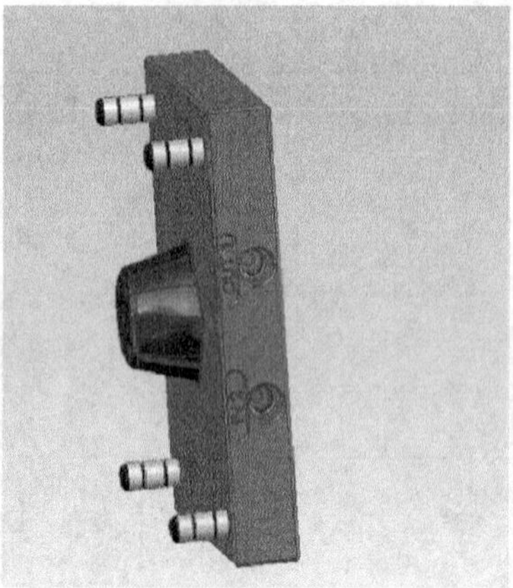		
11			

续表

序号	实　物　图	使用工具	过程描述
12	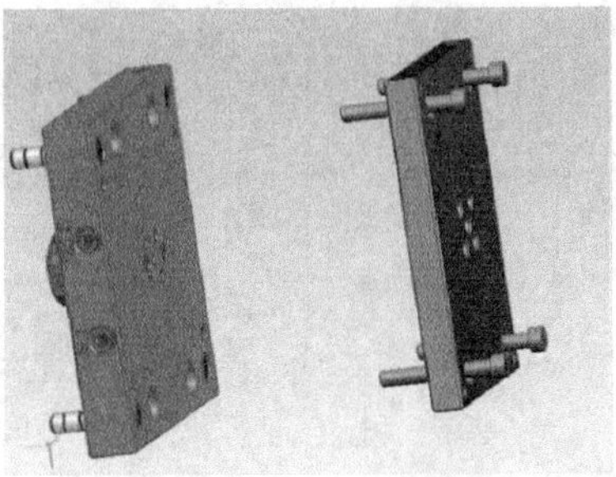		
13			
14			
15	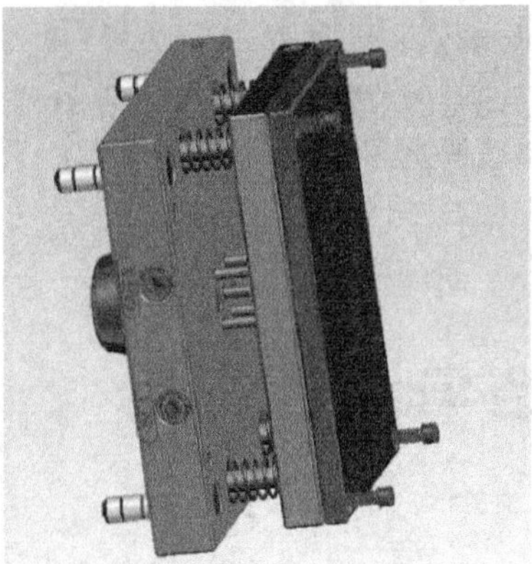		

续表

序号	实物图	使用工具	过程描述
16			
17			
18			

学习完以上内容后，同学们，请按照正确顺序排列哈夫模装配过程

(1) 装配导柱　(2) 装配限位块　(3) 装配卸料板　(4) 装配定模板（A板）

(5) 装配型腔　(6) 装配型芯　(7) 装顶杆　(8) 调整间隙

(9) 打刻编号　(10) 总装配　(11) 装模脚　(12) 装浇口套

正确顺序是：

学习活动四　工作总结与综合评价

学习目标

(1) 能结合自身任务完成情况，正确规范撰写工作总结（心得体会）。

（2）能按分组情况，分别派代表展示工作成果，说明拆装情况，并作出分析总结。

（3）能就本次任务中出现的问题，提出改进措施。

（4）能对学习与工作进行反思总结，并能与他人开展良好合作，进行有效的沟通。

2 学时

学习过程

一、个人评价

在小组内每个人先对完成情况进行评价总结，再由小组推荐代表向全班作小组总结。评价完成后，根据其他组成员对本组的评价意见进行归纳总结，完成自我评价总结的撰写。

拆装结果展示

根据上面检测所得分数，填写表 2-4（此表的成绩占总成绩的 30%）。

表 2-4　拆装合格率汇总表

单位名称		模具类型	模具名称	日期
序号	小组名称	正确拆装数量	不正确拆装数量	产品合格率

注：表中所算得出产品合格率即为小组成员的成绩，如某一小组的产品合格率为 80%，则该组成绩为 80 分。

二、小组互评（表 2-5）

表 2-5　小组互评表（占总成绩 20%）

被评小组名称：		
被评小组成员：		
序号	评价项目	评价(1～10)
1	团队合作意识，注重沟通	
2	能自主学习及相互协作，尊重他人	
3	学习态度积极主动，能参加安排的活动	
4	服从教师的教学安排，遵守学习场所管理规定，遵守纪律	
5	能正确地领会他人提出的学习问题	
6	遵守学习场所的规章制度	
7	工作岗位的责任心	
8	学习过程全勤	

续表

序号	评价项目	评价(1～10)
9	学习主动	
10	能正确对待肯定和否定的意见	
11	团队学习中主动与合作的情况如何	
合　计		

参与评价的同学签名：________________　　　　________年________月____日

表格填写说明：

(1) 表 2-5 由其他小组进行评价填写，自己小组的成员不参与自己小组的评价；

(2) 每一项的填写都要经过小组大部分人员的认可方可下定分数；

(3) 填写过程必须客观公正地对待。

三、教师评价（占总成绩 50%）

请在教师引导下根据表现由小组进行评价，再由指导教师给出考核结果（表 2-6)。

表 2-6　考核结果表（教师填写）

<table>
<tr><td rowspan="2">单位名称</td><td rowspan="2"></td><td>班级学号</td><td colspan="2">　　姓名　　　　成绩</td></tr>
<tr><td>模具类型</td><td colspan="2">　　零件名称</td></tr>
<tr><td>序号</td><td>评价项目</td><td>考核内容</td><td>所占比率/%</td><td>得分</td></tr>
<tr><td>1</td><td>工作服和防护穿戴</td><td>按工作服和防护穿戴情况考核</td><td>10</td><td></td></tr>
<tr><td>2</td><td>选用拆装工具情况</td><td>按选用拆装工具情况考核</td><td>15</td><td></td></tr>
<tr><td>3</td><td>操作熟练度</td><td>按操作情况考核</td><td>20</td><td></td></tr>
<tr><td>4</td><td>拆装过程情况</td><td>按工序卡片填写情况考核</td><td>20</td><td></td></tr>
<tr><td>5</td><td>拆装正确率</td><td>按模具拆装正确率考核</td><td>20</td><td></td></tr>
<tr><td rowspan="2">6</td><td rowspan="2">安全文明生产</td><td>按要求着装</td><td rowspan="2">10</td><td rowspan="2"></td></tr>
<tr><td>操作规范,不损坏设备</td></tr>
<tr><td>7</td><td>团队协作</td><td>能与小组成员和谐相处,互相学习,互相帮助,不一意孤行</td><td>5</td><td></td></tr>
<tr><td colspan="3">合计</td><td>100</td><td></td></tr>
</table>

教师签名：____________　　　　________年________月_____日

学习活动五　哈夫模的安装与调试

学习目标

(1) 认识注塑机的类型、组成。

(2) 知道塑料模具的安装方法和步骤。

(3) 能做好塑料模安装前的准备工作、安装程序及卸模步骤。

(4) 认识注射成型工艺工艺参数的调整。

(5) 在老师的指导下完成哈夫模的调试。

建议学时　8 学时

工作情景描述

企业生产新产品要进行新模具进行安装与调试，要求做好塑料模的拆卸、保养和修理的方法及工艺过程，并能对模具的常见故障进行分析、处理及修复，在调试塑料模和生产过程中，对可能产生的各种缺陷，要仔细分析，找出产生缺陷的原因。如果是模具在制造过程或生产过程中的损耗、损坏等因素，则要对模具进行适当的调整与修理，然后进行调试，直到模具工作情况正常，得到合格的制件时才能交付使用。

工作流程与活动

1. 任务一　哈夫模的安装与调试　　　　　　（6 学时）
2. 任务二　工作总结与综合评价　　　　　　（2 学时）

任务一　哈夫模的安装与调试

学习目标

（1）认识注塑机的类型、组成。
（2）知道塑料模具的安装方法和步骤。
（3）能做好塑料模安装前的准备工作、安装程序及卸模步骤。
（4）认识注射成型工艺参数的调整。
（5）在老师的指导下完成哈夫模的调试。

建议学时　6 学时

学习过程

（1）安装模具常用工具。
（2）检查模具。
（3）检查安全条件。
（4）检查设备。
（5）检查吊装设备。

一、认识注塑机的结构

认识注塑机的结构以卧式注塑机为例，注塑机的结构（如图 2-3 所示）。一台通用型注塑机主要包括________、________、__________、__________四个部分。

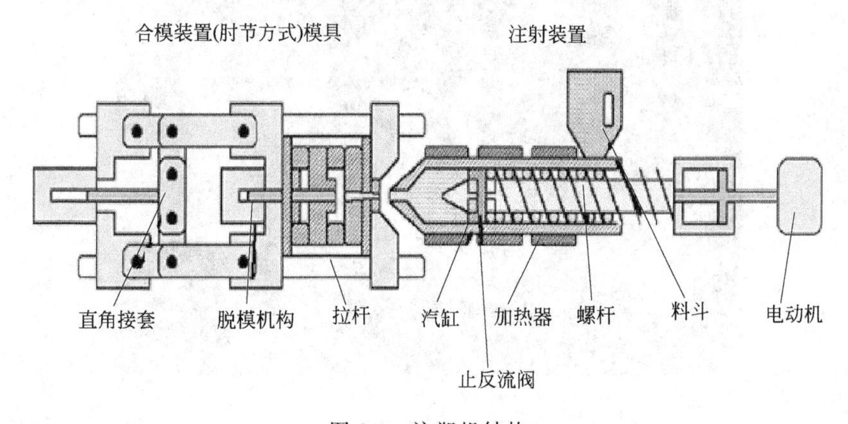

图 2-3　注塑机结构

1. 注塑系统

注塑系统包括______、______、______、______、______、________等。

2. 合模系统

合模系统主要由前后________、________、________、________、______、____________________等组成。作用是____

3. 液压传动和电器控制系统

保证注塑成型按照预定的工艺要求（____、____、____、____）和程序准确运行。液压传动系统是注塑机的动力系统，电器控制系统则是控制系统。

二、注塑机的分类

请填写图 2-4 中注塑机类型。

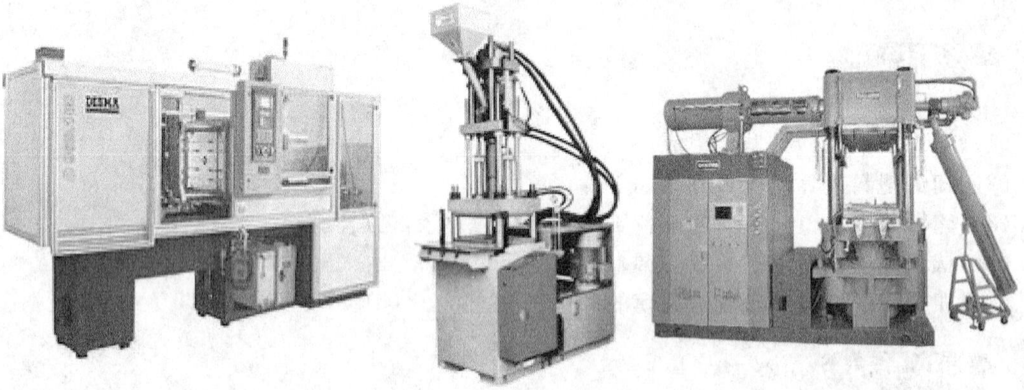

(a) (b) (c)

图 2-4　注塑机类型

（a）__________　（b）__________　（c）__________

卧式注射机，注射装置与合模装置轴线呈一线，与水平方向平行，模具是沿水平方向打开的。这是最常见的类型。

写出卧式注射机的特点：____

图 2-5　模温机

周边设备模温机（图 2-5）的作用：____

____

____

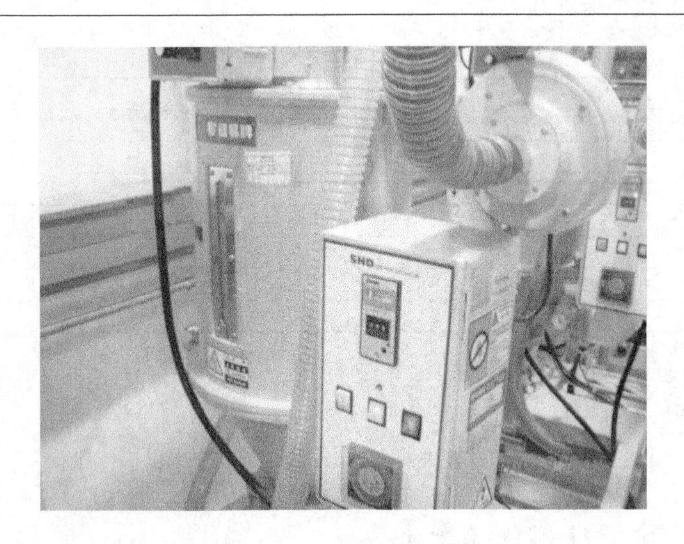

图 2-6　设备图

写图 2-6 设备名称______________

其作用是可有效除去原料中的水分，达到充分干燥，以利成型生产，提升产品品质。

三、安装步骤（以卧式注塑机为例）

1. 安装前准备

（1）开机。

（2）清理杂物。清理模板平面及定位孔、模具安装面上的污物、毛刺等。

2. 吊装模具

模具的吊装有整体吊装和分体吊装两种方法。

列出模具的安装和注意事项：____

____

____

____

3. 模具调整与试模

（1）调整模具松紧度。

（2）调整推杆顶出距离。

（3）校正喷嘴与浇口套的相对位置及弧面接触情况。

（4）接通回路。

（5）试机。

4. 安装要点

（1）吊装模具时应注意安全，两人以上操作时，必须互相呼应，统一行动。

（2）模具紧固应平稳可靠，压板要放平，不得倾斜。要注意防止合模时动模压板、定模压板以及推板等与动模板相碰。

（3）在调整三级锁模压力时，要注意曲肘伸直时应先快后慢，既不轻松又不勉强。

（4）顶板不得直接与模体相碰，应留有 5～10mm 间隙。开合模具时，顶出机构应动作平稳、灵活，复位机构应协调可靠。

（5）安装调温、控温装置以控制温度；电路系统要严防漏电。

(6) 试机前一定要将工作场地清理干净。

四、塑料模具试模过程

认真填写塑料模具试模过程表 2-7。

表 2-7 塑料模具试模

序　号	步　骤	序　号	步　骤
1		8	
2		9	
3		10	
4		11	
5		12	
6		13	
7		14	

五、哈夫模的安装与调试过程

1. 观看哈夫模安装与调试的视频

观看完视频后认真选择，并完成哈夫模模具安装与调试过程表 2-8。

过程描述：

A. 调整好参数后，进行塑料模具试做。

B. 哈夫模试做后产品。

C. 打开电源开关。

D. 调整试模输入参数。

E. 调整试模输入参数。

F. 打开紧急开关。

G. 连接后调整好距离，再检查是否装好配件，是否固定好。

H. 检查一下哈夫模是否装配完成。

I. 固定哈夫模定模部分。

J. 固定哈夫模动模部分。

表 2-8 哈夫模模具安装与调试过程

序号	哈夫模安装与调试(图示)	过程描述
1		
2		

续表

序号	哈夫模安装与调试(图示)	过程描述
3	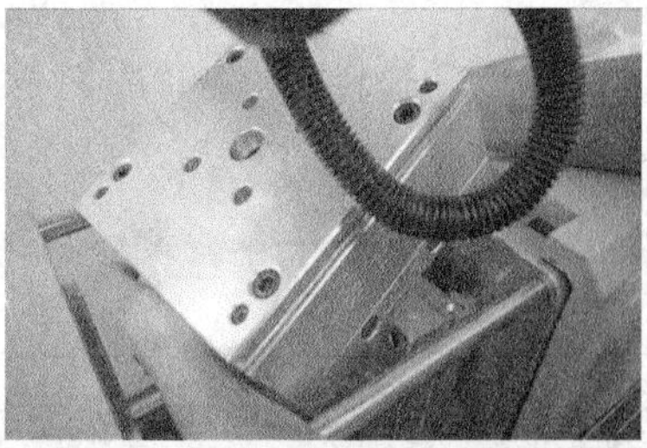	
4		
5	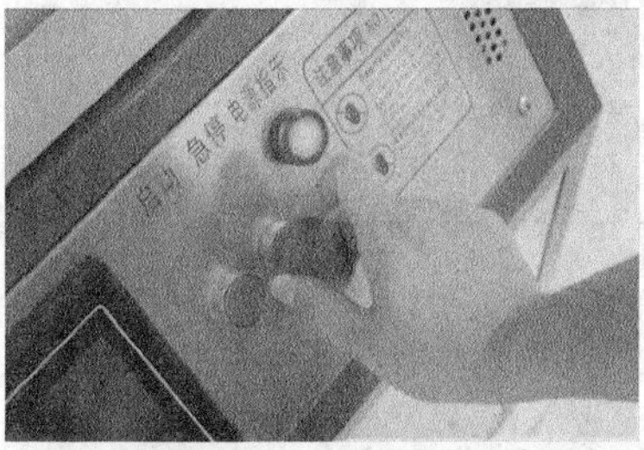	
6	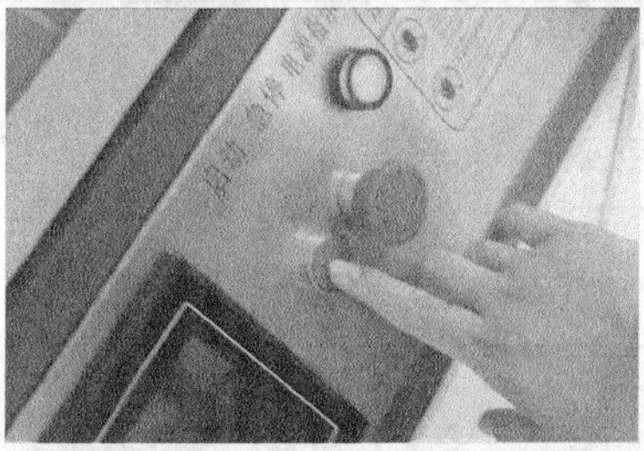	
7		
8		

续表

序号	哈夫模安装与调试(图示)	过程描述
9		
10		

2. 小组讨论完成以下内容

(1) 安装模具模需要准备哪些工具

(2) 写出安装杯子塑料模具的步骤

按照以上的操作步骤，认真对哈夫模具进行安装与调试。

任务二　工作总结与综合评价

学习目标

(1) 能结合自身任务完成情况，正确规范撰写工作总结（心得体会）。

(2) 能按分组情况，分别派代表展示工作成果，说明拆装情况，并作出分析总结。

(3) 能就本次任务中出现的问题，提出改进措施。

(4) 能对学习与工作进行反思总结，并能与他人开展良好合作，进行有效的沟通。

2 学时

学习过程

一、能结合自身任务完成情况，正确规范撰写工作总结（心得体会）。

工作总结（心得体会）

二、个人评价

在小组内每个人先对完成情况进行评价总结，再由小组推荐代表向全班作小组总结。评价完成后，根据其他组成员对本组的评价意见进行归纳总结，完成自我评价总结的撰写。

安装与调试结果展示

根据上面检测所得分数，填写表 2-9（此表的成绩占总成绩的 30%）。

表 2-9　安装与调试合格率汇总表

<table>
<tr><td rowspan="2">单位名称</td><td rowspan="2"></td><td>模具类型</td><td>模具名称</td><td>日期</td></tr>
<tr><td></td><td></td><td></td></tr>
<tr><td>序号</td><td>小组名称</td><td>正确安装与调试数量</td><td>不正确安装与调试数量</td><td>安装与调试合格率</td></tr>
<tr><td></td><td></td><td></td><td></td><td></td></tr>
<tr><td></td><td></td><td></td><td></td><td></td></tr>
<tr><td></td><td></td><td></td><td></td><td></td></tr>
<tr><td></td><td></td><td></td><td></td><td></td></tr>
<tr><td></td><td></td><td></td><td></td><td></td></tr>
</table>

注：表中所算得出产品合格率即为小组成员的成绩，如某一小组的产品合格率为 80%，则该组成绩为 80 分。

三、小组互评（表 2-10）

表 2-10　小组互评表（占总成绩 20%）

<table>
<tr><td colspan="3">被评小组名称：</td></tr>
<tr><td colspan="3">被评小组成员：</td></tr>
<tr><td>序号</td><td>评　价　项　目</td><td>评价(1～10)</td></tr>
<tr><td>1</td><td>团队合作意识，注重沟通</td><td></td></tr>
<tr><td>2</td><td>能自主学习及相互协作，尊重他人</td><td></td></tr>
<tr><td>3</td><td>学习态度积极主动，能参加安排的活动</td><td></td></tr>
<tr><td>4</td><td>服从教师的教学安排，遵守学习场所管理规定，遵守纪律</td><td></td></tr>
</table>

续表

序号	评 价 项 目	评价(1～10)
5	能正确地领会他人提出的学习问题	
6	遵守学习场所的规章制度	
7	工作岗位的责任心	
8	学习过程全勤	
9	学习主动	
10	能正确对待肯定和否定的意见	
11	团队学习中主动与合作的情况如何	
合计		

参与评价的同学签名：__________ ______年______月___日

表格填写说明：

(1) 表 2-10 由其他小组进行评价填写，自己小组的成员不参与自己小组的评价；

(2) 每一项的填写都要经过小组大部分人员的认可方可下定分数；

(3) 填写过程必须客观公正地对待。

四、教师评价（占总成绩 50%）

请在教师引导下根据表现由小组进行评价，再由指导教师给出考核结果（表 2-11)。

表 2-11 考核结果表（教师填写）

<table>
<tr><td rowspan="2">单位名称</td><td rowspan="2"></td><td>班级学号</td><td></td><td>姓名</td><td></td><td>成绩</td><td></td></tr>
<tr><td>模具类型</td><td></td><td>零件名称</td><td colspan="3"></td></tr>
<tr><td>序号</td><td>评价项目</td><td colspan="3">考 核 内 容</td><td colspan="2">所占比率/%</td><td>得分</td></tr>
<tr><td>1</td><td>工作服和防护穿戴</td><td colspan="3">按工作服和防护穿戴情况考核</td><td colspan="2">10</td><td></td></tr>
<tr><td>2</td><td>选用安装与调试工具情况</td><td colspan="3">按选用安装与调试工具情况考核</td><td colspan="2">15</td><td></td></tr>
<tr><td>3</td><td>操作熟练度</td><td colspan="3">按操作情况考核</td><td colspan="2">20</td><td></td></tr>
<tr><td>4</td><td>安装与调试过程情况</td><td colspan="3">按工序卡片填写情况考核</td><td colspan="2">20</td><td></td></tr>
<tr><td>5</td><td>安装与调试正确率</td><td colspan="3">按模具安装与调试正确率考核</td><td colspan="2">20</td><td></td></tr>
<tr><td rowspan="2">6</td><td rowspan="2">安全文明生产</td><td colspan="3">按要求着装</td><td colspan="2" rowspan="2">10</td><td rowspan="2"></td></tr>
<tr><td colspan="3">操作规范，不损坏设备</td></tr>
<tr><td>7</td><td>团队协作</td><td colspan="3">能与小组成员和谐相处，互相学习，互相帮助，不一意孤行</td><td colspan="2">5</td><td></td></tr>
<tr><td colspan="5">合计</td><td colspan="2">100</td><td></td></tr>
</table>

教师签名：__________ ______年______月_____日

学习任务三　三板模的拆卸与装配

学习目标

(1) 能说出模具拆装场地和常用设备。

(2) 会使用拆卸工具。

(3) 能使用合理选用工具。

(4) 能拆卸简单三板模具。

(5) 能把三板模具装配复原。

(6) 能主动获取有效信息，拥有踏实严谨、精益求精的学习态度以及敬业爱岗、团结协作的工作作风。

(7) 能按车间现场管理规定和要求，整理现场，并填写保养记录。

(8) 能主动获取有效信息，展示工作成果，对学习与工作进行总结反思，能与他人合作，进行有效沟通。

建议学时　36学时

工作情景描述

某企业一套三板模具需要维修，任务下达到总装车间。你作为车间工作人员，请按要求拆卸该注射模具，完成维护维修，并进行装配调试。维修中切实注意：塑料模零件的修磨、推出装置孔的配作、滑块抽芯机构的装配以及塑料模型芯与型腔的装配。

工作流程与活动

1. 学习活动一　三板模结构认知　(4学时)
2. 学习活动二　三板模的拆卸　(12学时)
3. 学习活动三　三板模的装配　(10学时)
4. 学习活动四　工作总结与综合评价　(2学时)
5. 学习活动五　三板模的安装与调试　(8学时)

学习活动一　三板模结构认知

学习目标

(1) 能认识注塑模的种类，辨认出三板模。

(2) 能说出三板模结构部件名称。

(3) 能按车间现场管理规定和要求，整理现场，并填写保养记录。

建议学时 4 学时

学习过程

通过学习后，我们了解到三板模是属于塑料模具。在模具拆装之前，需要先认识三板模结构，清楚每个部件的名称与作用。

模具工作原理：模具开模时在尼龙胶塞（锁模扣）的作用下将定模板与脱凝料板先分开，产品与凝料自动剪切分离。动模继续做开模运动，此时在拉杆的作用下脱凝料板将凝料从勾针上强行推落，动模继续向后运动，尼龙胶塞在限位拉杆的限位作用下拔出。定模板、动模板间主分型面分开。动模向后运动到一定的位置，顶杆推动顶杆板完成顶出动作。

三板模爆炸图与产品见图 3-1、图 3-2。

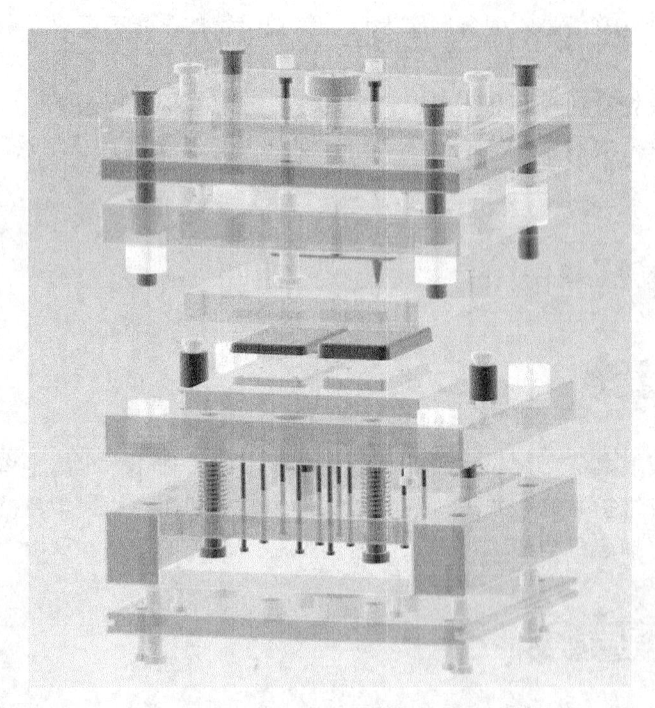

图 3-1 三板模结构爆炸图

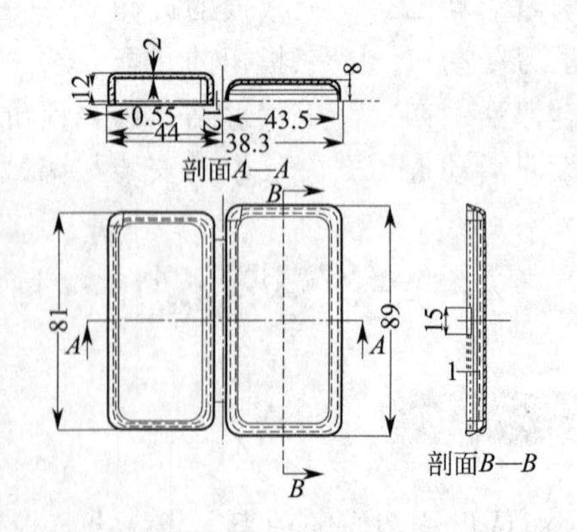

图 3-2 三板模产品

通过观看教学视频，认知三板模零件（表 3-1）。

表 3-1　三板模零件

序号	实　物　图	名称	材料	作用用途	备注
1		产品	塑料	生活用品	
2		动模座板	铝合金		
3		定模座板			
4		浇口套			
5		固定螺丝			

续表

序号	实 物 图	名称	材料	作用用途	备注
6		脱凝料板			
7	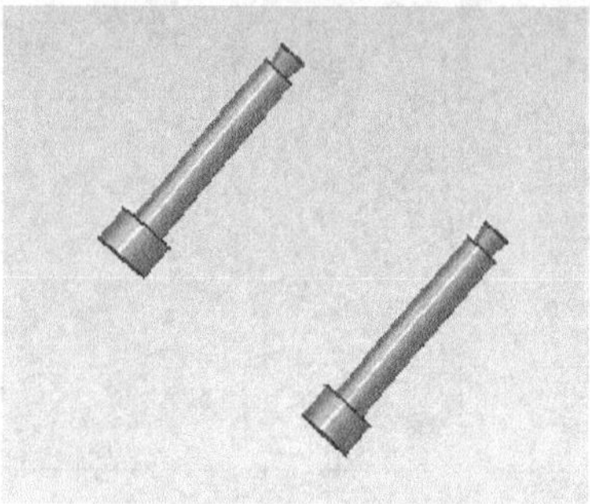	拉料杆			
8		定模板(型腔)			
9	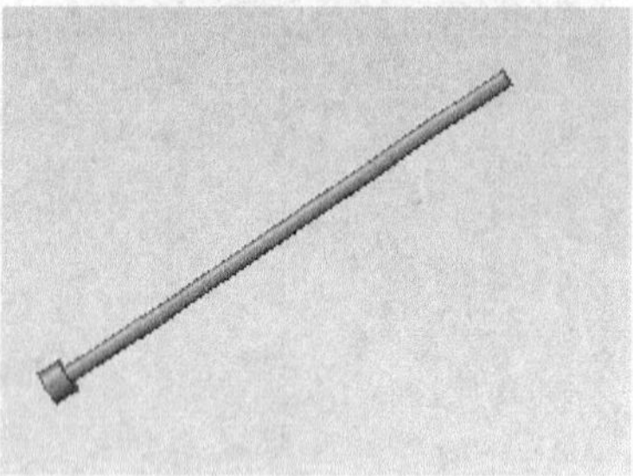	顶杆			
10	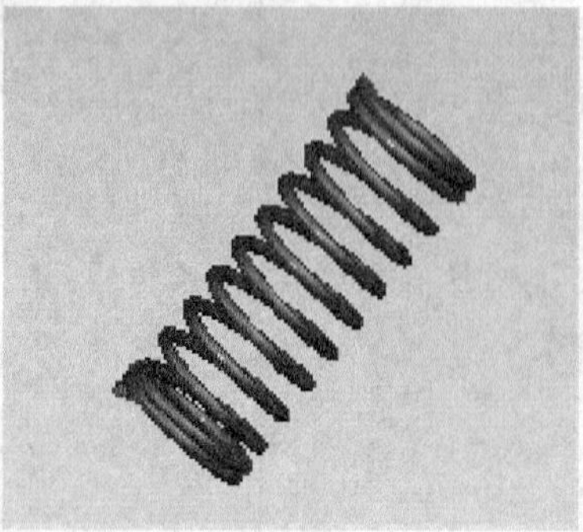	复位弹簧			

续表

序号	实　物　图	名称	材料	作用用途	备注
11		模脚			
12		复位杆			
13		顶杆固定板			
14		顶杆底板			

根据三板模各部件分类，找出相应的模具并作记录，经老师确认后在相应栏目打“√”。

动模板（B板）（　　）　顶杆板（　　）　复位杆（　　）　弹簧（　　）　拉料杆（　　）

定模座板（　　）　动模座板（　　）导柱（　　）　浇口套（　　）脱凝料板（　　）

学习活动二　三板模的拆卸

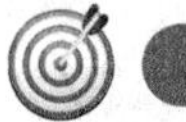

学习目标

（1）能利用正确选用的拆卸工具。

（2）能正确进行拆卸简单三板模。

（3）能说出三板模的拆卸工艺过程。

（4）在老师的指导下完成三板模的拆卸。

（5）能主动获取有效信息，拥有踏实严谨、精益求精的学习态度以及敬业爱岗、团结协作的工作作风。

 建议学时 12学时

 学习过程

（1）配合观看三板模拆卸视频，注意各零部件装配关系。

（2）观看三板模工作过程视频，注意三板模的工作状态，然后完成表3-2。

表3-2 三板模拆卸过程

序号	实 物 图	使用工具	过程描述
1			
2			

续表

序号	实　物　图	使用工具	过程描述
3	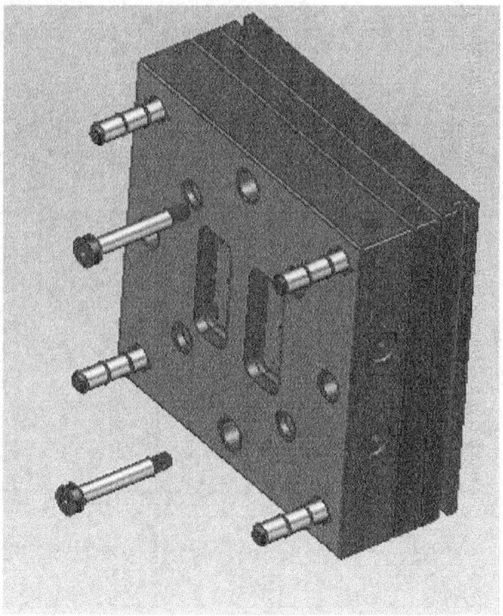		
4	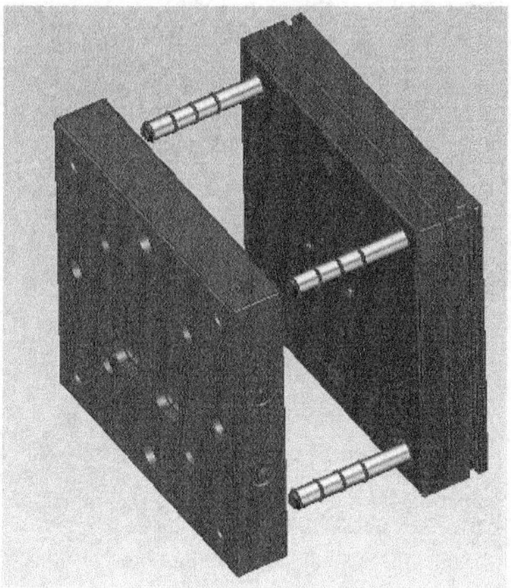		
5			

续表

序号	实　物　图	使用工具	过程描述
6			
7	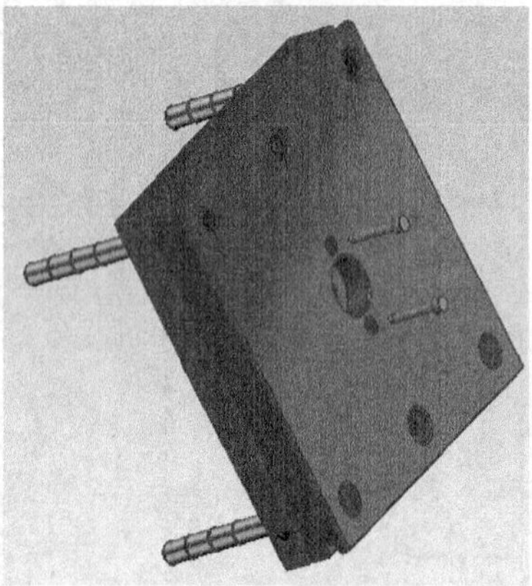		
8			
9	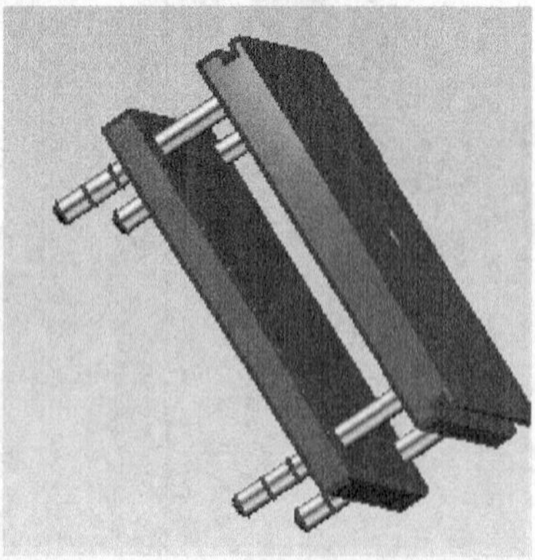		

续表

序号	实　物　图	使用工具	过程描述
10			
11			
12	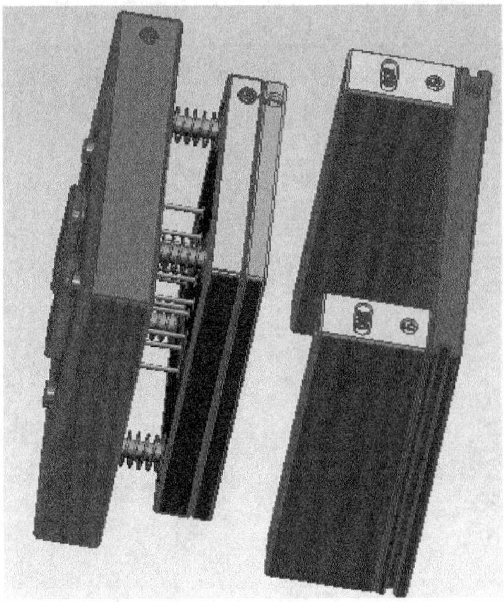		

续表

序号	实物图	使用工具	过程描述
13	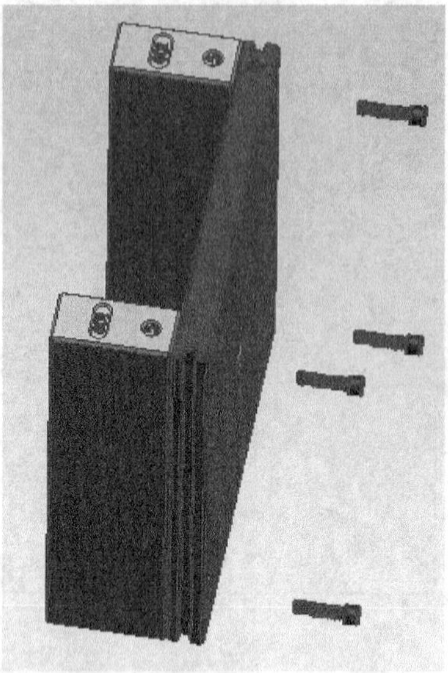		
14			
15	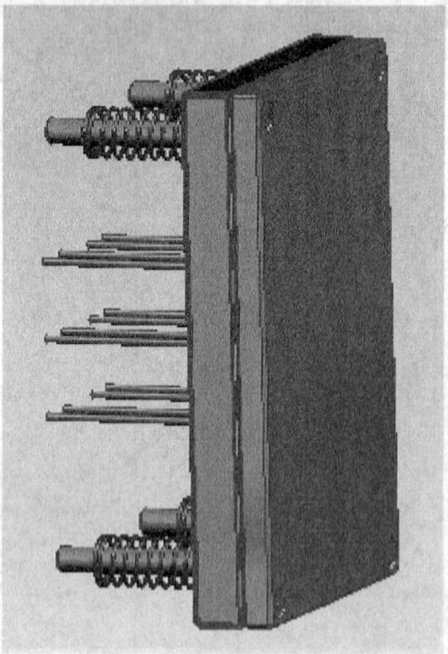		

续表

序号	实　物　图	使用工具	过程描述
16	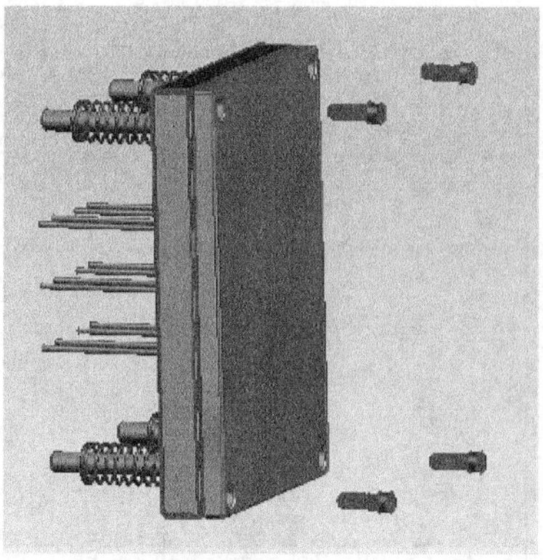		
17			
18	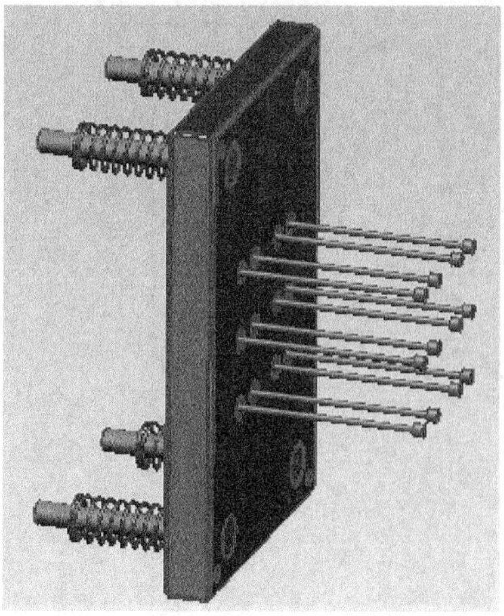		

续表

序号	实　物　图	使用工具	过程描述
19	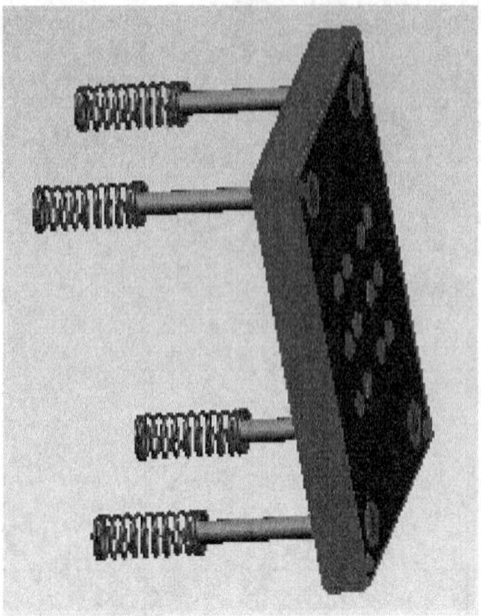		
20	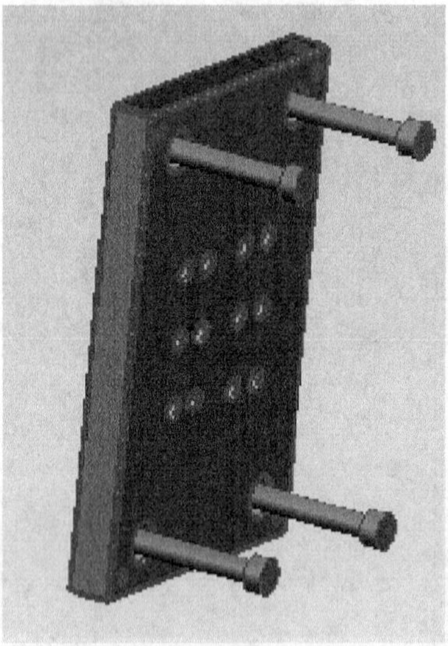		
21			

续表

序号	实　物　图	使用工具	过程描述
22			

观看完三板模的拆卸教学视频后，请将三板模的拆卸过程填写在表 3-2 中。填写完后，请同学们分组按照以上操作步骤，对三板模的进行拆卸。

A. 卸下定模座板对角固定螺钉，并有序放好。

B. 将工具放入指定工具盒，用橡胶锤敲出动定模部分，并有序放好。

C. 观察三板模的爆炸图，熟悉每个零部件。

D. 拿出对应的六角扳手，松开定模座板固定螺钉，并有序放好。

E. 取出动模部分，拿入对应的六角扳手，卸下拉料杆限位螺钉，并有序放好。

F. 取出拉料杆，并有序放好。

G. 卸下顶杆，并有序放好。

H. 用铜棒敲出导柱，并有序放好，清点数量是否正确。

I. 用铜锤敲出浇口套，拿出对应的六角扳手，卸下定模座板对角固定螺钉，并有序放好。

J. 取出脱凝料板，并有序放好，定模拆卸完毕。

K. 拿对应的六角扳手，卸下动模座板对角固定螺钉，并有序放好。

L. 拿对应的六角扳手，卸下压紧块固定螺钉，并有序放好。

M. 拿对应的六角扳手，卸下模脚固定螺钉，并有序放好。

N. 取出型芯，并有序放好 。

O. 将卸下的模脚放入指定位置，有序放好。

P. 把动模部分有序的分开，并放在指定的位置。

Q. 卸下固定螺钉，并有序放好。

R. 卸下顶杆底板，并有序放好。

S. 用橡胶锤敲出顶出部分，其他部分有序放好。

T. 按要求取下复位弹簧，并有序放好。

U. 卸下复位杆，并有序放好。

V. 按要求取下顶杆，并有序放好。

学习活动三　三板模的装配

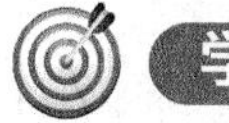

学习目标

（1）能知道型芯型腔的固定方法。

（2）能控制型芯型腔的间隙、装配模架。

（3）会螺钉及销钉的装配方法。

（4）能说出三板模的装配工艺过程。

（5）在老师的指导下完成三板模的装配。

建议学时 10学时

学习过程

（1）配合观看三板模装配视频，注意各零部件装配关系。

（2）观看三板模工作过程视频，注意三板模的工作状态，然后完成表3-3。

表3-3 三板模装配过程

序号	实 物 图	使用工具	过程描述
1			
2			

续表

序号	实　物　图	使用工具	过程描述
3	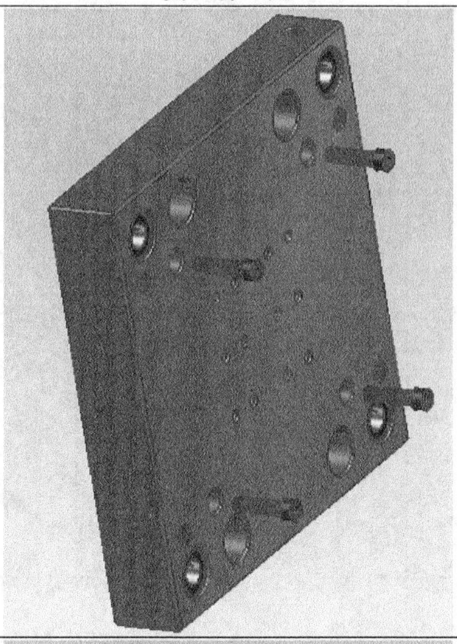		
4	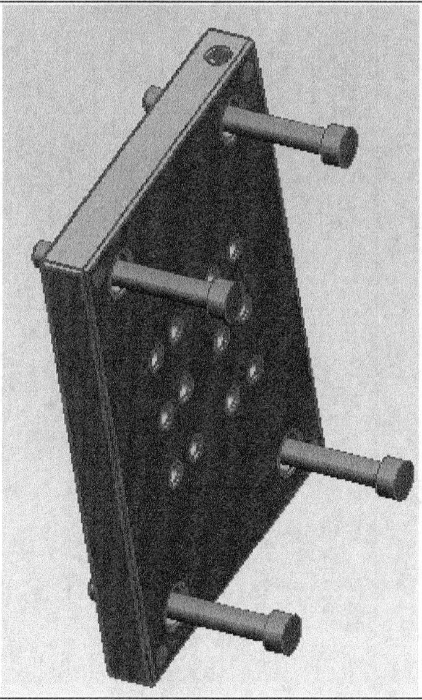		
5	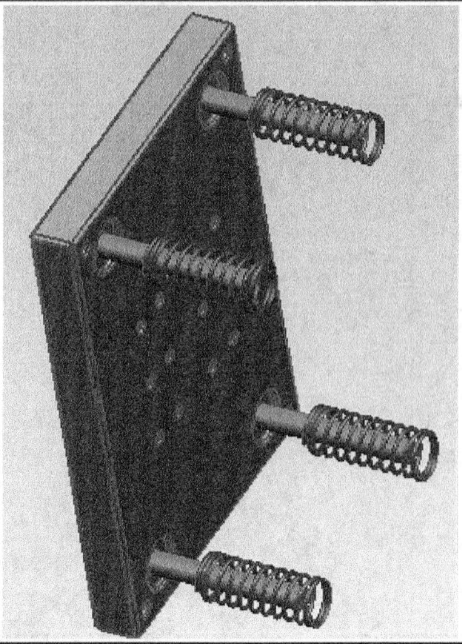		

续表

序号	实　物　图	使用工具	过程描述
6	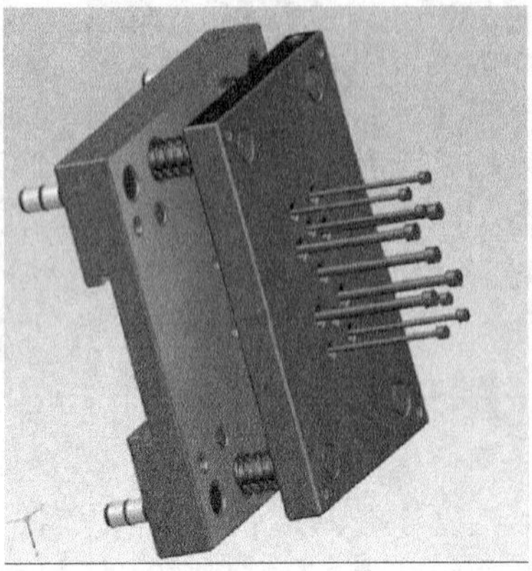		
7			
8			
9	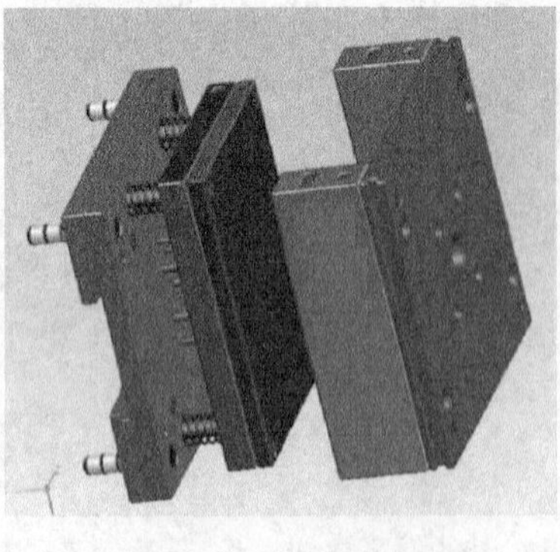		

续表

序号	实　物　图	使用工具	过程描述
10			
11			
12	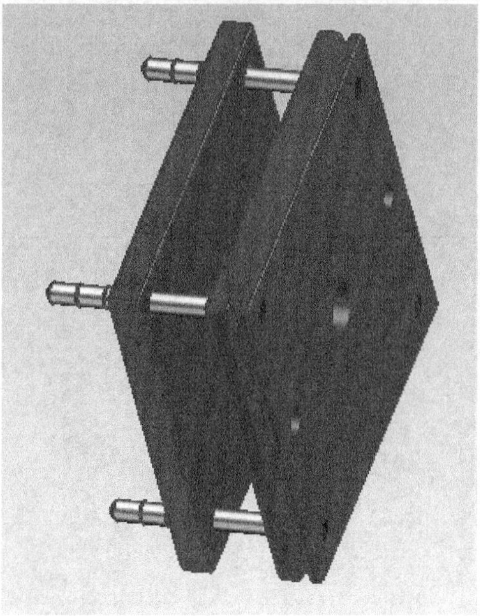		

续表

序号	实　物　图	使用工具	过程描述
13	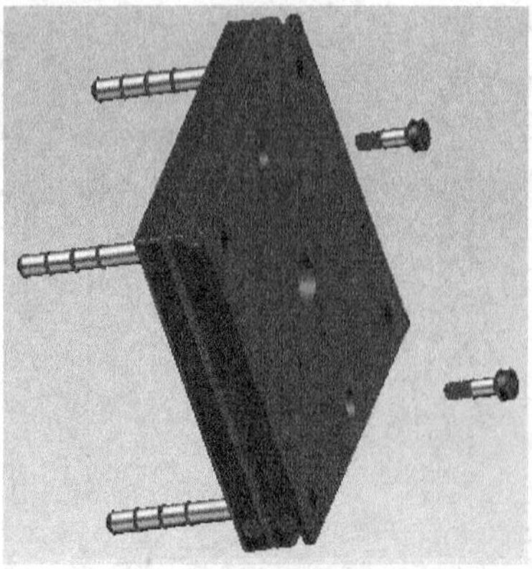		
14	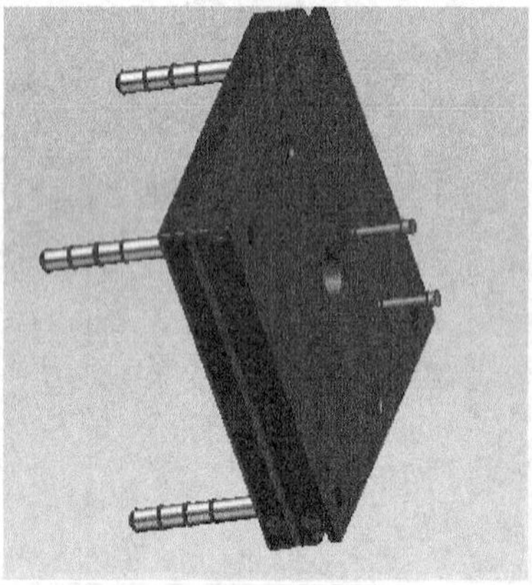		
15	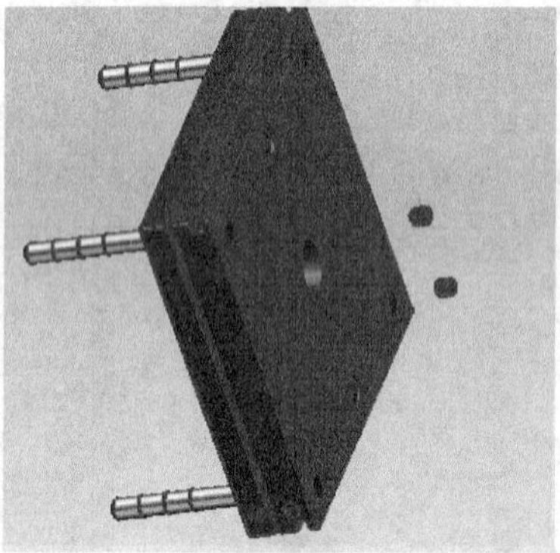		
16			

续表

序号	实　物　图	使用工具	过程描述
17	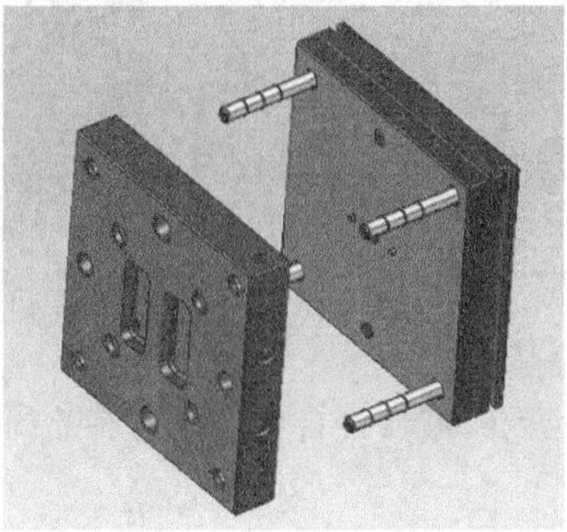		
18	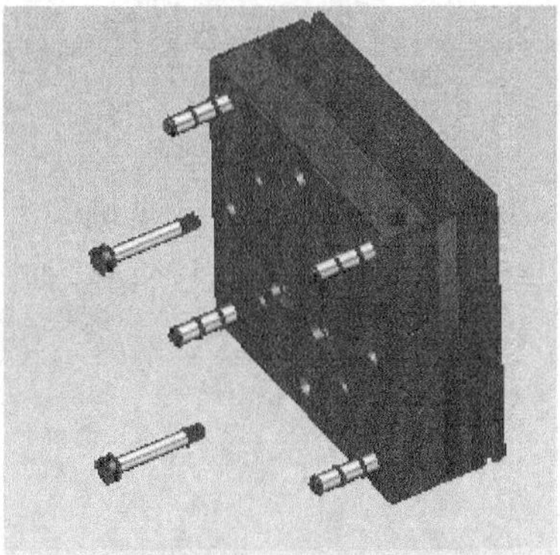		
19	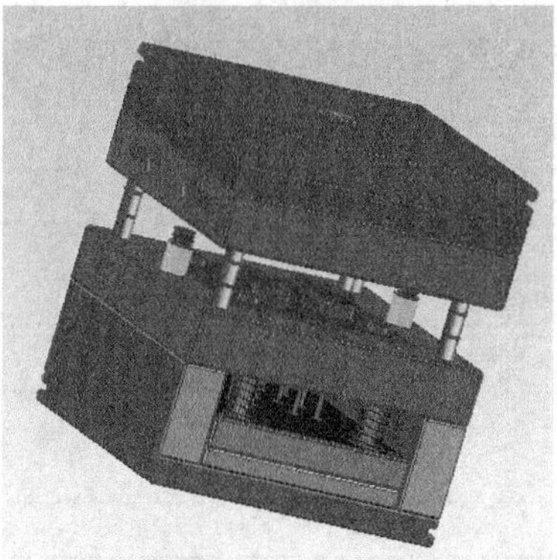		
20			

学习活动四　工作总结与综合评价

学习目标

(1) 能结合自身任务完成情况，正确规范撰写工作总结（心得体会）。
(2) 能按分组情况，分别派代表展示工作成果，说明拆装情况，并作出分析总结。
(3) 能就本次任务中出现的问题，提出改进措施。
(4) 能对学习与工作进行反思总结，并能与他人开展良好合作，进行有效的沟通。

建议学时　2 学时

学习过程

一、个人评价

在小组内每个人先对完成情况进行评价总结，再由小组推荐代表向全班作小组总结。评价完成后，根据其他组成员对本组的评价意见进行归纳总结，完成自我评价总结的撰写。

拆装结果展示

根据上面检测所得分数，填写表 3-4（此表的成绩占总成绩的 30%）。

表 3-4　拆装合格率汇总表

单位名称		模具类型	模具名称	日期
序号	小组名称	正确拆装数量	不正确拆装数量	产品合格率

注：表中所算得出产品合格率即为小组成员的成绩，如，某一小组的产品合格率为 80%，则该组成绩为 80 分。

二、小组互评（表 3-5）

表 3-5　小组互评表（占总成绩 20%）

被评小组名称：		
被评小组成员：		
序号	评价项目	评价(1～10)
1	团队合作意识,注重沟通	
2	能自主学习及相互协作,尊重他人	
3	学习态度积极主动,能参加安排的活动	

续表

序号	评价项目	评价(1～10)
4	服从教师的教学安排，遵守学习场所管理规定，遵守纪律	
5	能正确地领会他人提出的学习问题	
6	遵守学习场所的规章制度	
7	工作岗位的责任心	
8	学习过程全勤	
9	学习主动	
10	能正确对待肯定和否定的意见	
11	团队学习中主动与合作的情况如何	
合计		

参与评价的同学签名：________________　　　　______年______月___日

表格填写说明：

(1) 表3-5由其他小组进行评价填写，自己小组的成员不参与自己小组的评价；

(2) 每一项的填写都要经过小组大部分人员的认可方可下定分数；

(3) 填写过程必须客观公正地对待。

三、教师评价（占总成绩50%）

请在教师引导下根据表现由小组进行评价，再由指导教师给出考核结果（表3-6）。

表3-6　考核结果表（教师填写）

单位名称		班级学号		姓名		成绩	
		模具类型		零件名称			
序号	评价项目	考核内容				所占比率/%	得分
1	工作服和防护穿戴	按工作服和防护穿戴情况考核				10	
2	选用拆装工具情况	按选用拆装工具情况考核				15	
3	操作熟练度	按操作情况考核				20	
4	拆装过程情况	按工序卡片填写情况考核				20	
5	拆装正确率	按模具拆装正确率考核				20	
6	安全文明生产	按要求着装				10	
		操作规范，不损坏设备					
7	团队协作	能与小组成员和谐相处，互相学习，互相帮助，不一意孤行				5	
合计						100	

教师签名：______________　　　　______年______月_____日

学习活动五　三板模的安装与调试

学习目标

(1) 认识常用塑料。

(2) 能对产品工艺注射工艺参数的进行调整。

(3) 知道模具使用中应该注意的事项。

(4) 能发现塑件的缺陷并能提出解决问题的方法。

(5) 能主动获取有效信息，拥有踏实严谨、精益求精的学习态度以及敬业爱岗、团结协作的工作作风。

(6) 能按车间现场管理规定和要求，整理现场，并填写保养记录。

(7) 能主动获取有效信息，展示工作成果，对学习与工作进行总结反思，能与他人合作，进行有效沟通。

建议学时 8学时

工作情景描述

某企业要生产新产品，要对设计生产的三板模具进行拆装调试，任务下达到总装车间。你作为车间工作人员，请按要求拆卸并测绘该落料模模具，完成维护保养、故障分析及维修，并进行装配调试。直到模具工作情况正常，得到合格的制件时才能交付使用。

工作流程与活动

1. 任务一　三板模的安装与调试　　(6学时)
2. 任务二　工作总结与综合评价　　(2学时)

任务一　三板模的安装与调试

学习目标

(1) 认识常用塑料。

(2) 能对产品工艺注射工艺的参数进行调整。

(3) 知道模具使用中应该注意的事项。

(4) 能发现塑件的缺陷并能提出解决问题的方法。

(5) 能主动获取有效信息，拥有踏实严谨、精益求精的学习态度以及敬业爱岗、团结协作的工作作风。

建议学时 6学时

学习过程

一、塑料成型过程

塑料成型过程见图3-3。

二、查资料列举成型的五大要素

1. 原料

如：ABS、PP、ABS/PC、PC、POM等

2. 模具

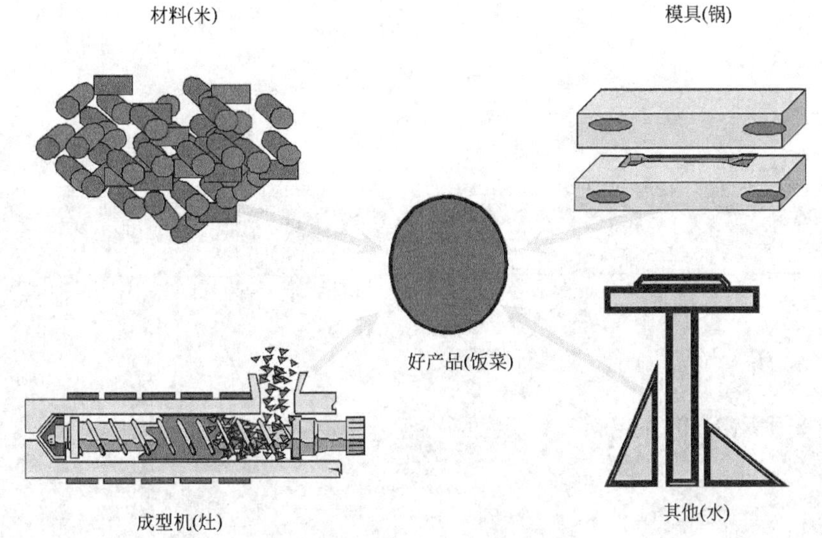

图 3-3　塑料成型过程

如：二板模、三板模、热流道模

3. 机台

如：日精、纪威、发那科周边设备

4. 成型条件

如：温度、时间、压力、速度、位置

5. 人员

如：技术员、作业员、物流

三、成型条件要素

1. 时间

__________　__________　__________　__________　__________

2. 压力

根据图 3-4 填写。

______　______　______　______　______

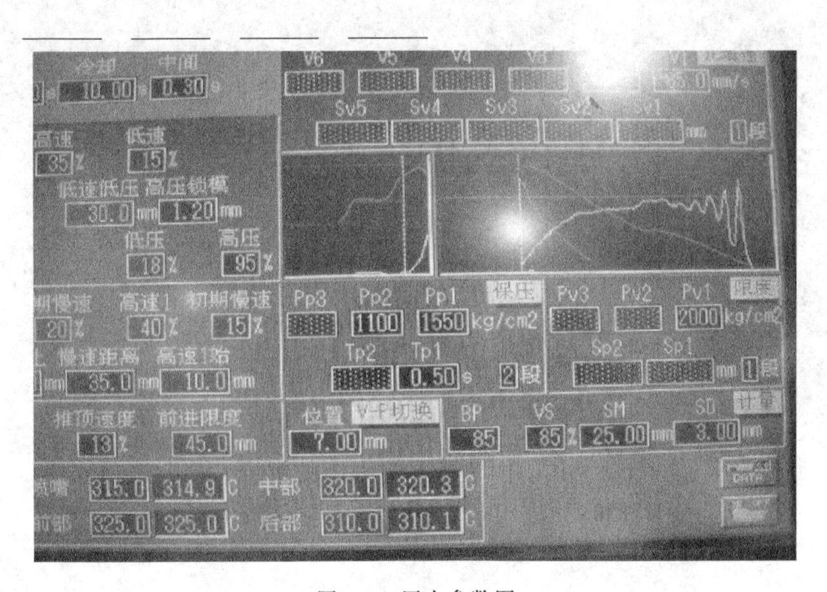

图 3-4　压力参数图

3. 速度

根据图 3-5 填写。

________ ________ ________

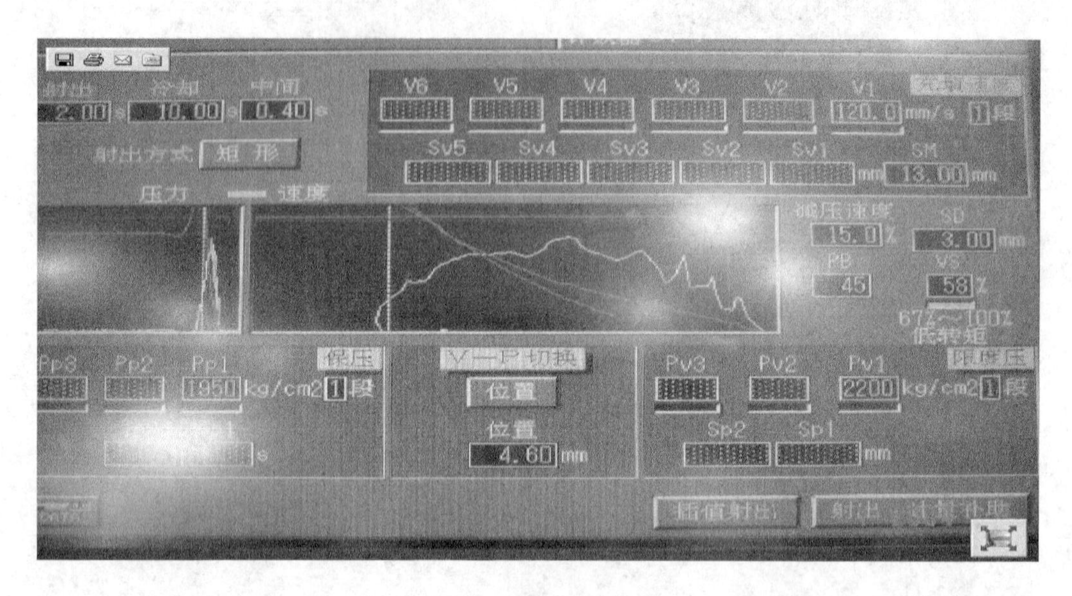

图 3-5　速度参数图

4. 温度

根据图 3-6 填写。

________ ________ ________ ________

图 3-6　温度参数图

5. 位置

________ ________ ________ ________ ________

四、三板模具安装与调试过程（表 3-7）

表 3-7　三板模具安装与调试过程

序号	三板模安装与调试(图示)	过程描述
1		
2	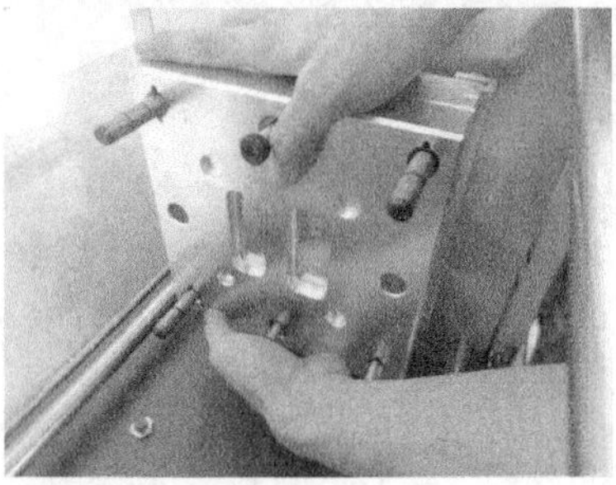	
3	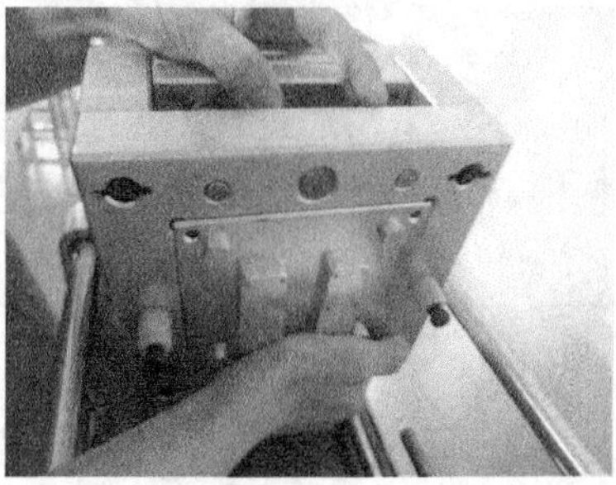	
4	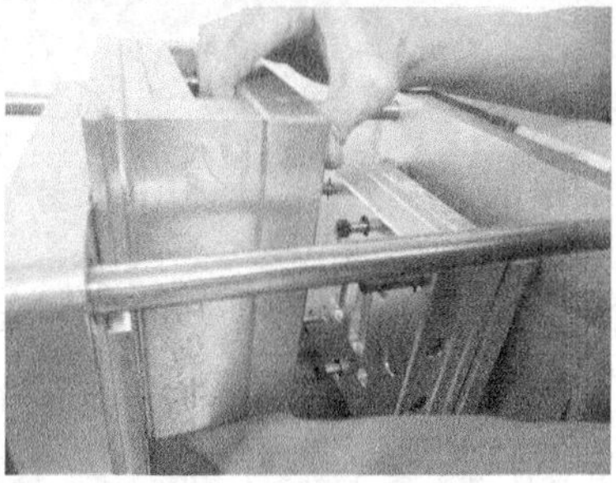	
5	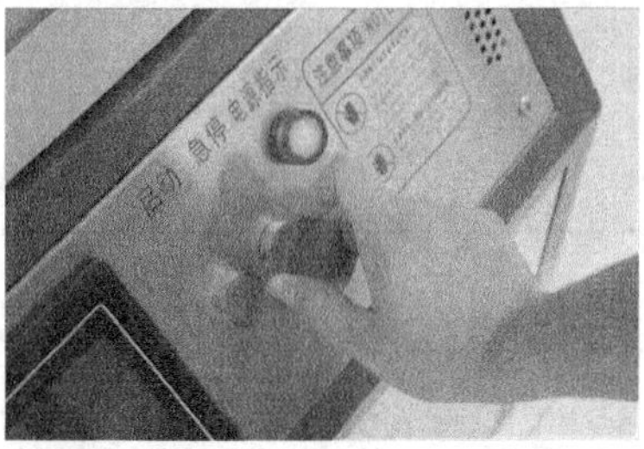	

续表

序号	三板模安装与调试(图示)	过程描述
6	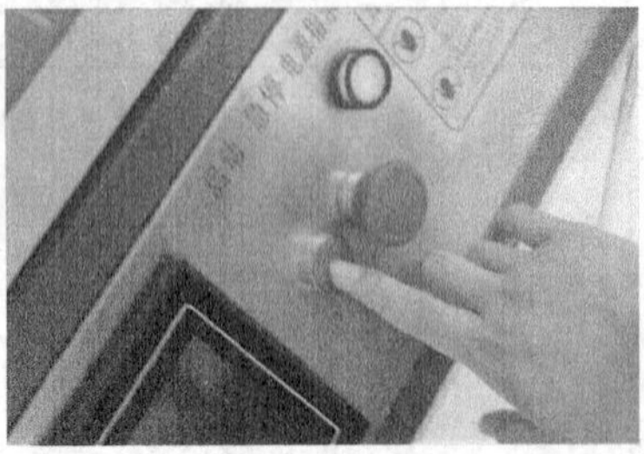	
7		
8		
9		
10	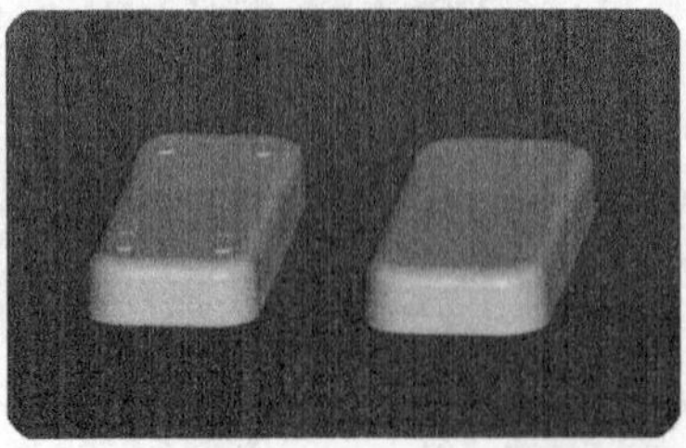	

按三板模模具安装与调试过程顺序对表 3-7 进行填空。

A. 调整好参数后，进行塑料模具试做。

B. 三板模试做产品。

C. 打开电源开关。
D. 调整试模输入参数。
E. 调整试模输入参数。
F. 打开紧急开关。
G. 连接后调整好距离，再检查是否装好配件，是否固定好。
H. 检查一下三板模是否装配完成。
I. 固定三板模定模部分。
J. 固定三板模动模部分。

五、填写注塑模成型工艺过程（表 3-8）

表 3-8　注塑模成型工艺过程

序　　号	步　　骤	序　　号	步　　骤
1		5	
2		6	
3		7	
4		8	

六、注塑模具的卸模

观看视频后请写出注塑模具卸模步骤。

____

____

____

____

七、认识成型制品外观不良现象及解决对策（表 3-9）

表 3-9　成型制品外观不良现象及解决对策

序　　号	不良产品图片	产生的原因	解决的办法
1. 不饱和			
2. 毛边			

续表

序　　号	不良产品图片	产生的原因	解决的办法
3. 缩水	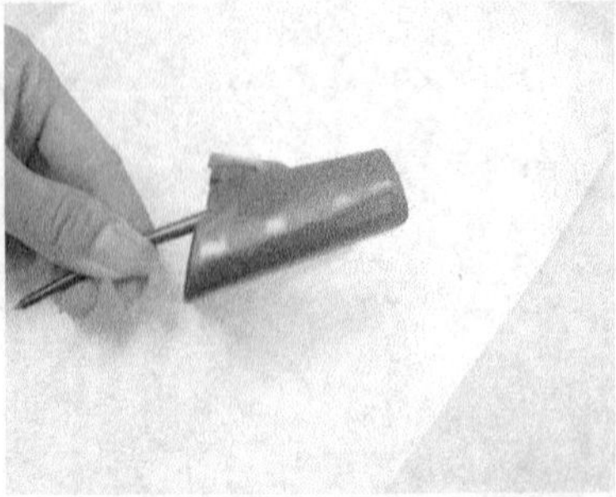		
4. 破裂	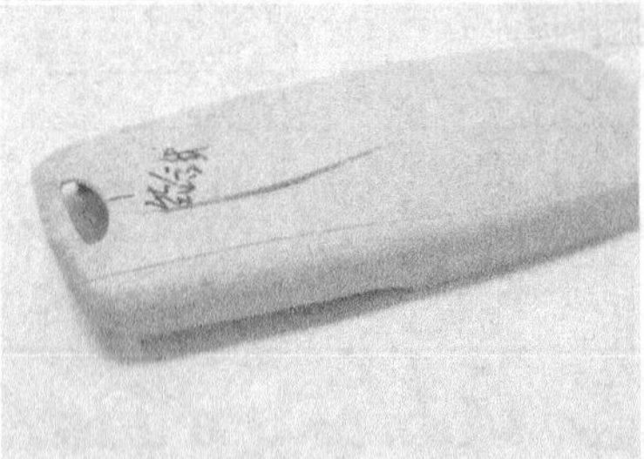		
5. 变形			
6. 熔接线			
7. 银条			
8. 烧焦	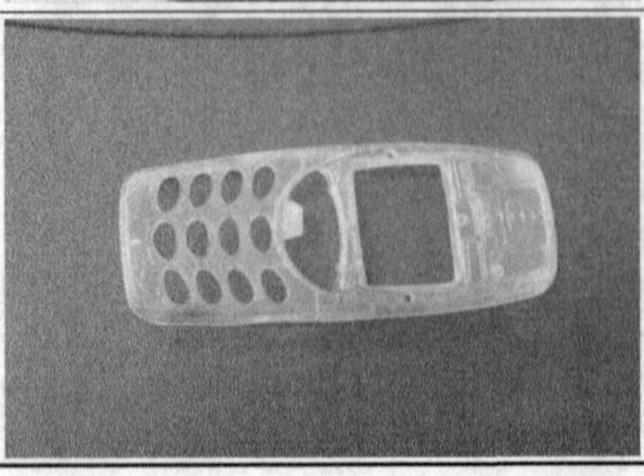		

任务二　工作总结与综合评价

学习目标

(1) 能结合自身任务完成情况，正确规范撰写工作总结（心得体会）。
(2) 能按分组情况，分别派代表展示工作成果，说明拆装情况，并作出分析总结。
(3) 能就本次任务中出现的问题，提出改进措施。
(4) 能对学习与工作进行反思总结，并能与他人开展良好合作，进行有效的沟通。

2 学时

学习过程

一、能结合自身任务完成情况，正确规范撰写工作总结（心得体会）。

工作总结（心得体会）

二、个人评价

在小组内每个人先对完成情况进行评价总结，再由小组推荐代表向全班作小组总结。评价完成后，根据其他组成员对本组的评价意见进行归纳总结，完成自我评价总结的撰写。

安装与调试结果展示

根据上面检测所得分数，填写表 3-10（此表的成绩占总成绩的 30%）。

表 3-10 安装与调试合格率汇总表

单位名称		模具类型	模具名称	日期
序号	小组名称	正确安装与调试数量	不正确安装与调试数量	安装与调试合格率

注：表中所算得出产品合格率即为小组成员的成绩，如，某一小组的产品合格率为80%，则该组成绩为80分。

三、小组互评（表 3-11）

表 3-11 小组互评表（占总成绩20%）

被评小组名称：		
被评小组成员：		
序号	评价项目	评价(1～10)
1	团队合作意识，注重沟通	
2	能自主学习及相互协作，尊重他人	
3	学习态度积极主动，能参加安排的活动	
4	服从教师的教学安排，遵守学习场所管理规定，遵守纪律	
5	能正确地领会他人提出的学习问题	
6	遵守学习场所的规章制度	
7	工作岗位的责任心	
8	学习过程全勤	
9	学习主动	
10	能正确对待肯定和否定的意见	
11	团队学习中主动与合作的情况如何	
	合计	

参与评价的同学签名：________　　　　________年________月____日

表格填写说明：

(1) 表 3-11 由其他小组进行评价填写，自己小组的成员不参与自己小组的评价；

(2) 每一项的填写都要经过小组大部分人员的认可方可下定分数；

(3) 填写过程必须客观公正地对待。

四、教师评价（占总成绩50%）

请在教师引导下根据表现由小组进行评价，再由指导教师给出考核结果（表 3-12）。

表 3-12 考核结果表（教师填写）

单位名称		班级学号		姓名		成绩	
		模具类型		零件名称			
序号	评价项目	考核内容			所占比率/%	得分	
1	工作服和防护穿戴	按工作服和防护穿戴情况考核			10		
2	选用安装与调试工具情况	按选用安装与调试工具情况考核			15		
3	操作熟练度	按操作情况考核			20		
4	安装与调试过程情况	按工序卡片填写情况考核			20		
5	安装与调试正确率	按模具安装与调试正确率考核			20		
6	安全文明生产	按要求着装			10		
		操作规范，不损坏设备					
7	团队协作	能与小组成员和谐相处，互相学习，互相帮助，不一意孤行			5		
		合计			100		

教师签名：________　　　　________年________月________日

学习任务四　斜导柱模的拆卸与装配

学习目标

（1）能说出模具拆装场地和常用设备。

（2）会使用拆卸工具。

（3）能使用合理选用工具。

（4）能拆卸简单斜导柱模具。

（5）能把斜导柱模具装配复原。

（6）能主动获取有效信息，拥有踏实严谨、精益求精的学习态度以及敬业爱岗、团结协作的工作作风。

（7）能按车间现场管理规定和要求，整理现场，并填写保养记录。

（8）能主动获取有效信息，展示工作成果，对学习与工作进行总结反思，能与他人合作，进行有效沟通。

建议学时

36 学时

工作情景描述

某企业一套斜导柱模具需要维修，任务下达到总装车间。你作为车间工作人员，请按要求拆卸该注射模具，完成维护维修，并进行装配调试。维修中切实注意：塑料模零件的修磨、推出装置孔的配作、滑块抽芯机构的装配以及塑料模型芯与型腔的装配。

工作流程与活动

1. 学习活动一	斜导柱模结构认知	（4 学时）
2. 学习活动二	斜导柱模的拆卸	（12 学时）
3. 学习活动三	斜导柱模的装配	（10 学时）
4. 学习活动四	工作总结与综合评价	（2 学时）
5. 学习活动五	斜导柱模的安装与调试	（8 学时）

学习活动一　斜导柱模结构认知

学习目标

（1）能认识注塑模的种类，辨认出斜导柱模

（2）能说出斜导柱模结构部件名称

（3）能按车间现场管理规定和要求，整理现场，并填写保养记录

建议学时 4学时

学习过程

通过学习后，我们了解到斜导柱模是属于塑料模具。在模具拆装之前，需要先认识斜导柱模结构，清楚每个部件的名称与作用。

模具工作原理：该模具为斜导柱模。此机构模具适合成型抽拔距离与拔模力不太大的抽芯结构制品。是抽芯机构最常用的结构。该模具的工作原理：模具开模时因斜导柱与开模方向成一定夹角，在开模力的作用下，斜导柱带动滑块侧向运动从而完成侧抽芯动作。将镶针从制品中抽出；开模到一定时候顶杆推动顶杆板，顶出产品。在模具合模时滑块同样在斜导柱作用下，使镶针复位。

斜导柱模结构爆炸图与产品图见图4-1、图4-2。

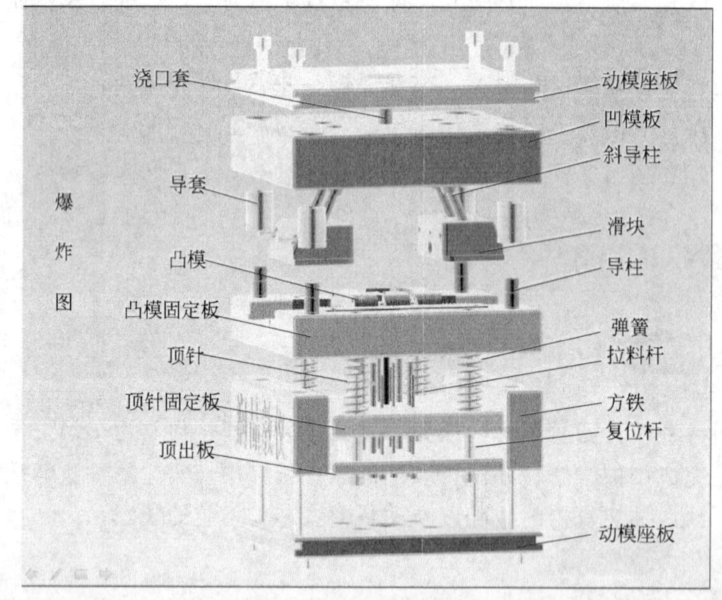

图4-1 斜导柱模结构爆炸图

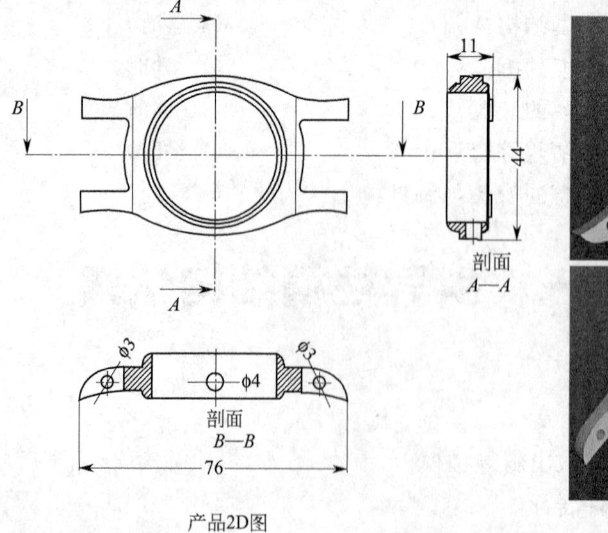

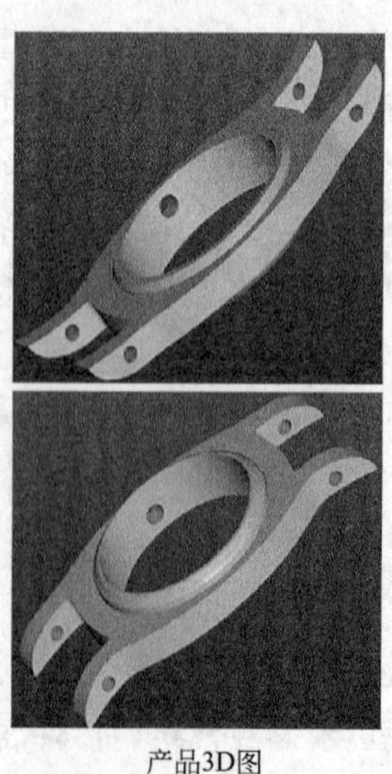

图4-2 斜导柱模产品

通过观看教学视频，认知斜导柱模零件（表 4-1）。

表 4-1　斜导柱模零件

序号	实物图	名称	材料	作用用途	备注
1	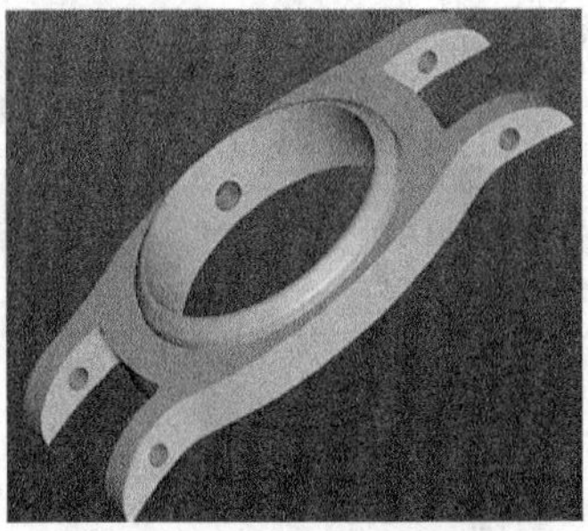	产品	塑料	生活用品	
2	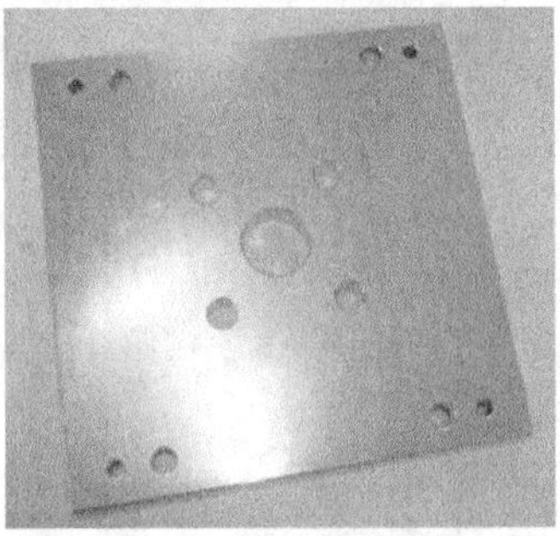	定模座板			
3		动模座板			
4		浇口套			

续表

序号	实物图	名称	材料	作用用途	备注
5		固定螺丝			
6		斜导柱			
7		滑块座			
8		型芯			

续表

序号	实物图	名称	材料	作用用途	备注
9	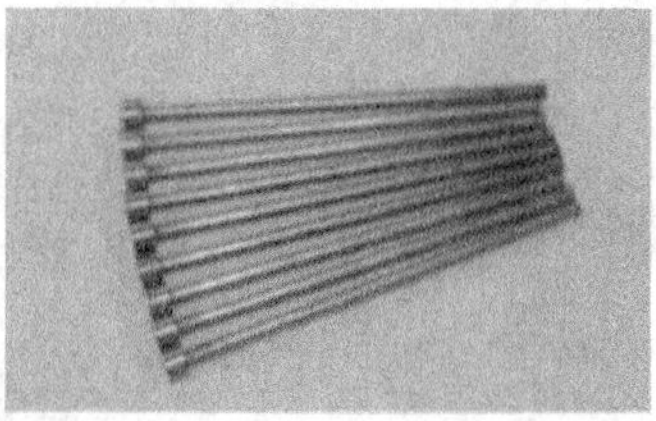	顶杆			
10	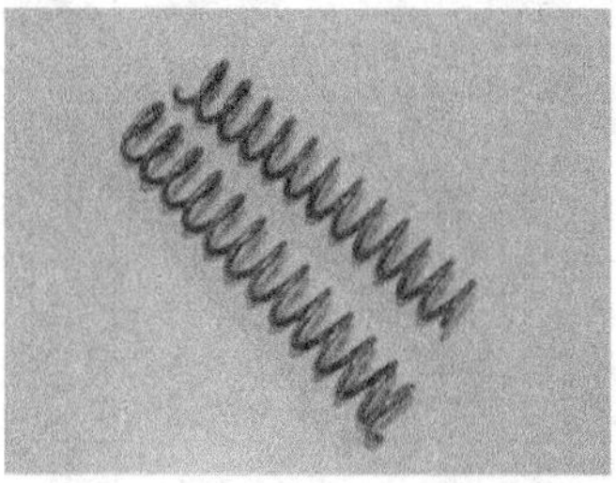	滑块弹簧			
11		模脚			
12	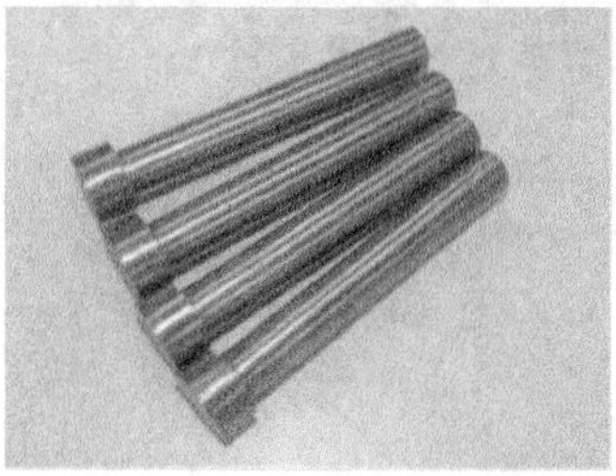	复位杆			
13	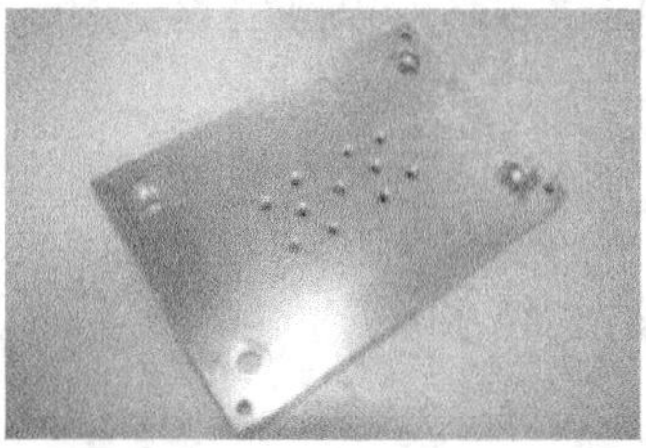	顶杆固定板			

续表

序号	实物图	名称	材料	作用用途	备注
14		顶杆底板			
15		镶针			
16		拉料杆			

学习完小词典后，同学们请在根据斜导柱模各部件分类，找出相应的模具并作记录，经老师确认后在相应栏目打“√”。

定模板（　　）　顶杆固定板（　　）　复位杆（　　）　弹簧（　　）　拉料杆（　　）
动模板（　　）　滑块座（　　）　导柱（　　）　浇口套（　　）　斜导柱（　　）

学习活动二　斜导柱模的拆卸

学习目标

（1）能利用正确选用的拆卸工具。

（2）能正确进行拆卸简单斜导柱模。

（3）能说出斜导柱模的拆卸工艺过程。

（4）在老师的指导下完成斜导柱模的拆卸。

（5）能主动获取有效信息，拥有踏实严谨、精益求精的学习态度以及敬业爱岗、团结协作的工作作风。

建议学时　12 学时

学习过程

（1）配合观看斜导柱模拆卸视频，注意各零部件装配关系。

（2）观看斜导柱模工作过程视频，注意斜导柱模的工作状态，然后完成表4-2。

表4-2　斜导柱模拆卸过程

序号	实　物　图	使用工具	过程描述
1	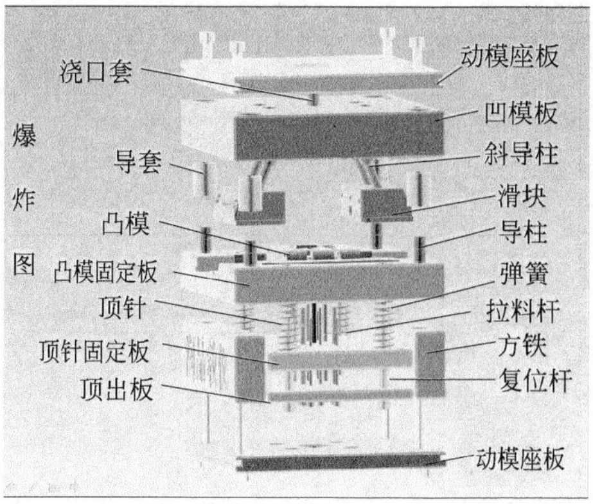		
2			
3			

续表

序号	实 物 图	使用工具	过程描述
4			
5	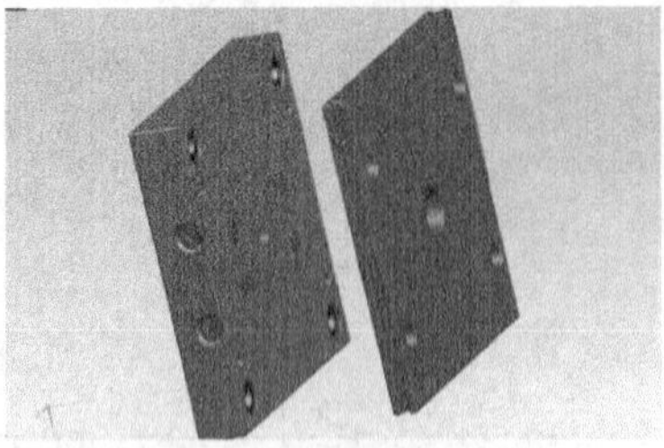		
6			
7	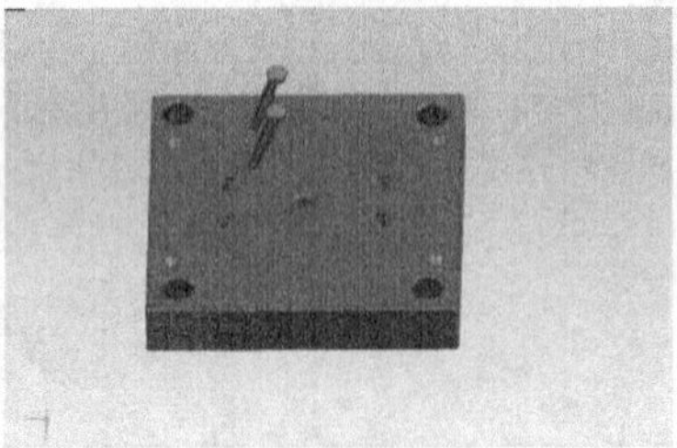		
8			

续表

序号	实　物　图	使用工具	过程描述
9			
10			
11	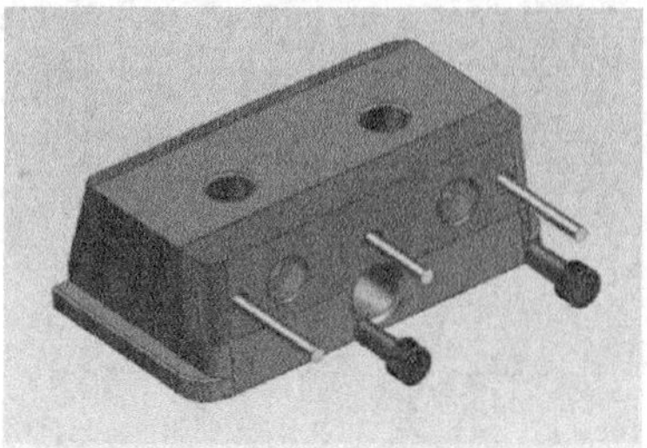		
12			
13			

续表

序号	实　物　图	使用工具	过程描述
14	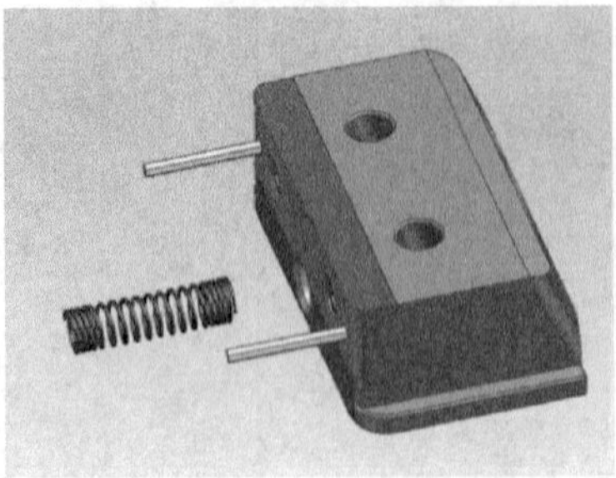		
15			
16			
17			
18			

续表

序号	实　物　图	使用工具	过程描述
19	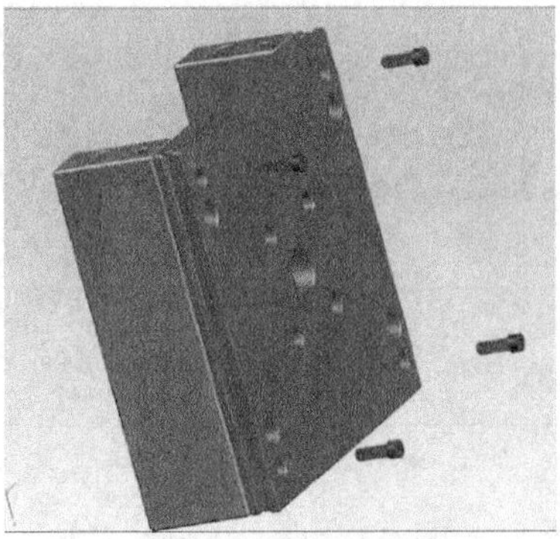		
20			
21	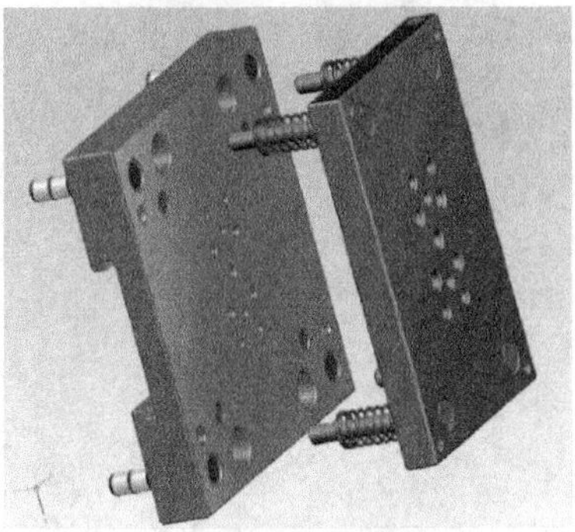		
22	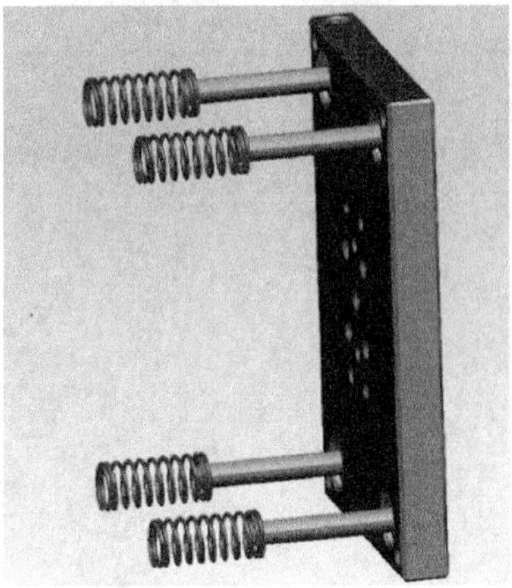		

续表

序号	实 物 图	使用工具	过程描述
23			
24	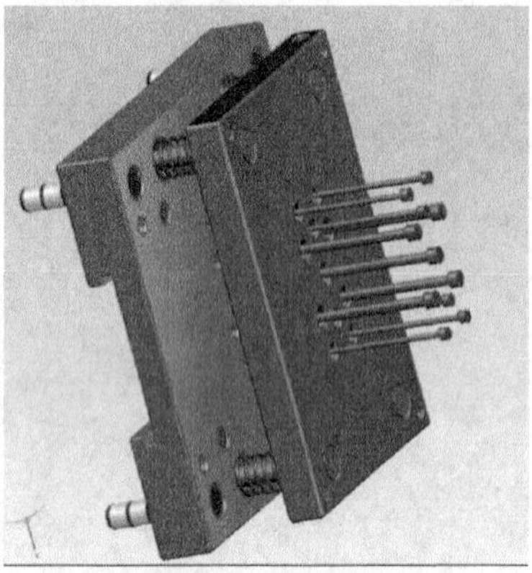		
25	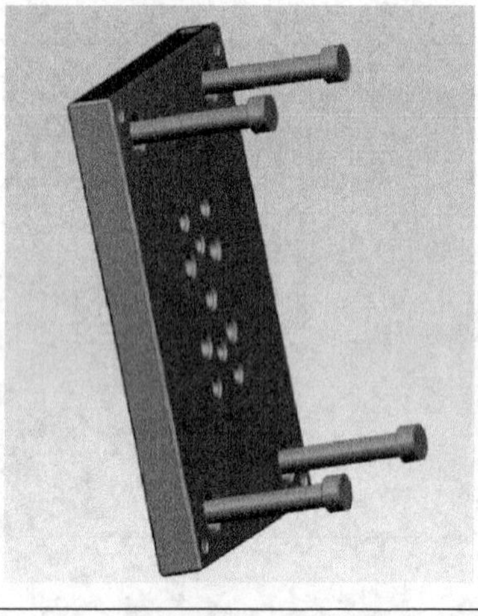		
26			

续表

序号	实　物　图	使用工具	过程描述
27			
28	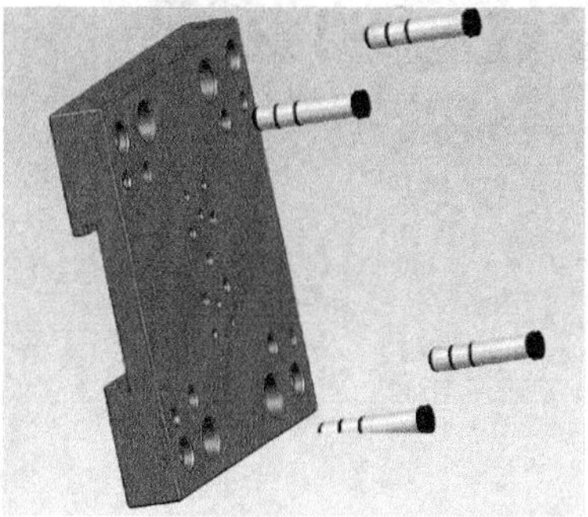		

过程描述：

A. 卸下定模座板对角固定螺钉，并有序放好。

B. 将工具放入指定工具盒，用橡胶锤敲出动定模部分，并有序放好。

C. 观察斜导柱模的爆炸图，熟悉每个零部件。

D. 拿出对应的六角扳手，松开定模座板固定螺钉，并有序放好。

E. 取出动模部分，拿入对应的六角扳手，卸下滑块座限位螺钉，并有序放好。

F. 取出滑块弹簧，并有序放好。

G. 拿对应的六角扳手，卸下另一边镶针固定板固定螺钉，并有序放好。

H. 卸下顶杆，并有序放好。

I. 用铜棒敲出导柱，并有序放好，清点数量是否正确。

J. 取下镶针和镶针固定板，并有序放好。

K. 用铜锤敲出浇口套，拿出对应的六角扳手，卸下定模座板对角固定螺钉，并有序放好。

L. 取出斜导柱，并有序放好，定模拆卸完毕。

M. 拿对应的六角扳手，卸下动模座板对角固定螺钉，并有序放好。

N. 取出斜导柱，并有序放好。

O. 卸下滑块限位螺钉后，把滑块部分拿出。

P. 拿对应的六角扳手，卸下镶针固定板固定螺钉，并有序放好。

Q. 拿对应的六角扳手，卸下模脚固定螺钉，并有序放好。
R. 取出型芯与型芯镶针，并有序放好。
S. 卸下另一边滑块限位螺钉后，把滑块部分拿出。
T. 取出另一边滑块弹簧，并有序放好。
U. 取下另一边镶针和镶针固定板，并有序放好。
V. 将卸下的模脚放入指定位置，有序放好。
W. 把动模部分有序的分开，并放在指定的位置。
X. 卸下固定螺丝，并有序放好。
Y. 卸下顶杆垫板，并有序放好。
Z. 用橡胶锤敲出顶出部分，其他部分有序放好。
AA. 按要求取下弹簧，并有序放好。
BB. 卸下复位杆，并有序放好。

学习活动三　斜导柱模的装配

学习目标

(1) 能知道型芯型腔模的固定方法。
(2) 能控制型芯型腔模的间隙、装配模架。
(3) 会螺钉及销钉的装配方法。
(4) 能说出单工序斜导柱模的装配工艺过程。
(5) 在老师的指导下完成斜导柱模的装配。

建议学时　10 学时

学习过程

(1) 配合观看斜导柱模装配视频，注意各零部件装配关系。
(2) 观看斜导柱模工作过程视频，注意斜导柱模的工作状态，然后完成表 4-3。

表 4-3　斜导柱模装配过程

序号	实　物　图	使用工具	过程描述
1	爆炸图 浇口套　动模座板　凹模板　斜导柱　导套　滑块　凸模　导柱　凸模固定板　弹簧　顶针　拉料杆　顶针固定板　方铁　复位杆　顶出板　动模座板		

续表

序号	实　物　图	使用工具	过程描述
2	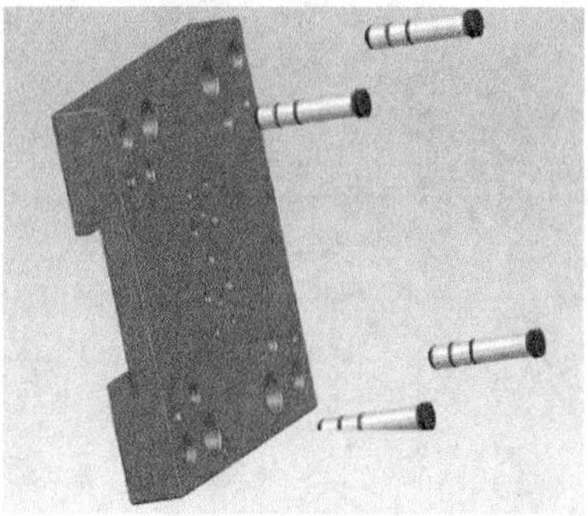		
3			
4			
5	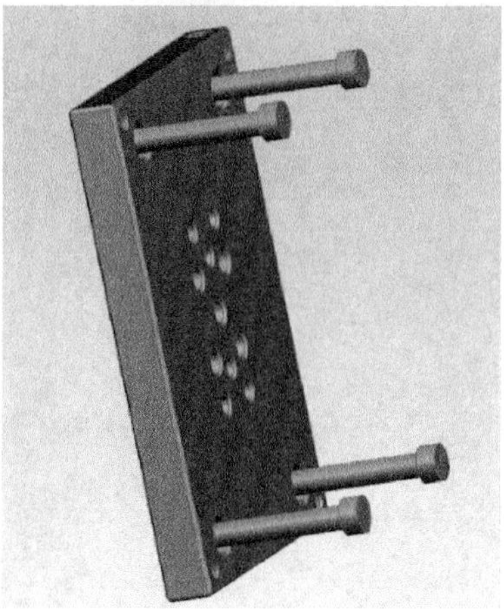		

续表

序号	实　物　图	使用工具	过程描述
6	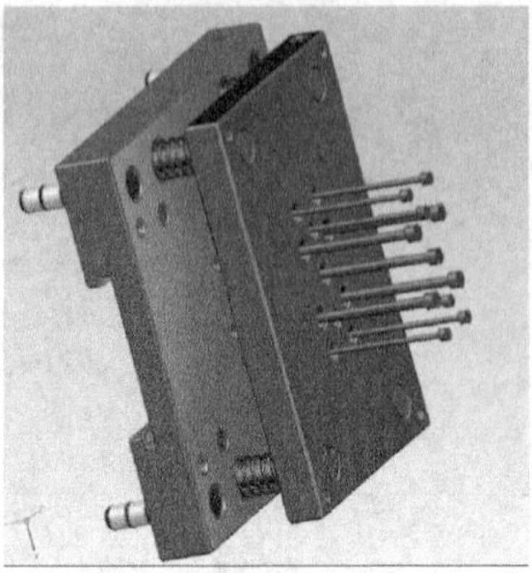		
7			
8	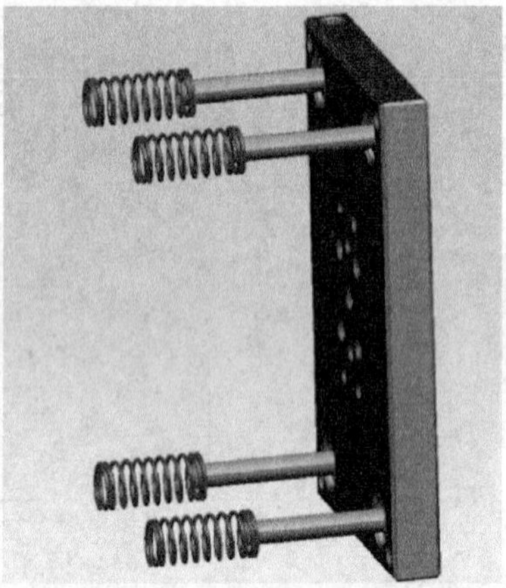		
9	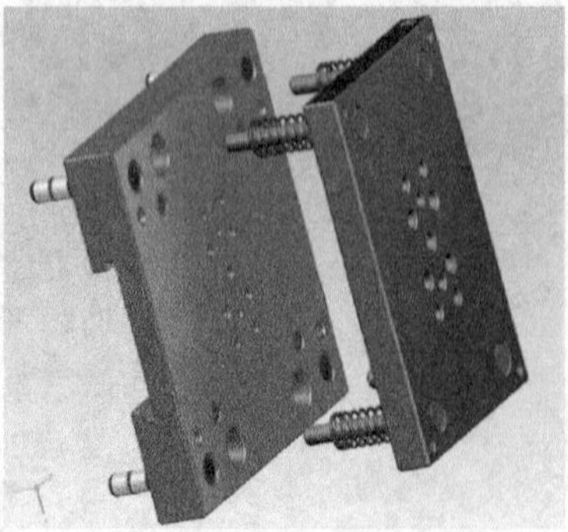		

续表

序号	实　物　图	使用工具	过程描述
10	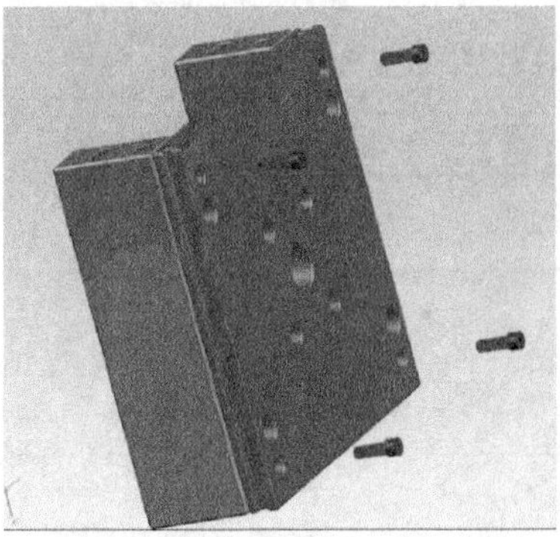		
11			
12			
13			

续表

序号	实　物　图	使用工具	过程描述
14			
15	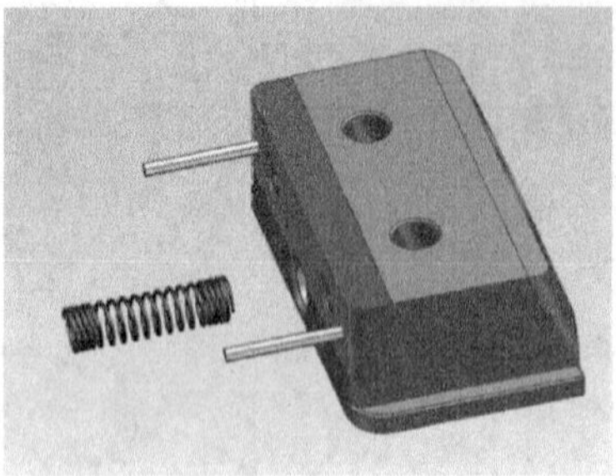		
16			
17			
18			

续表

序号	实　物　图	使用工具	过程描述
19			
20			
21			
22			

续表

序号	实　物　图	使用工具	过程描述
23			
24	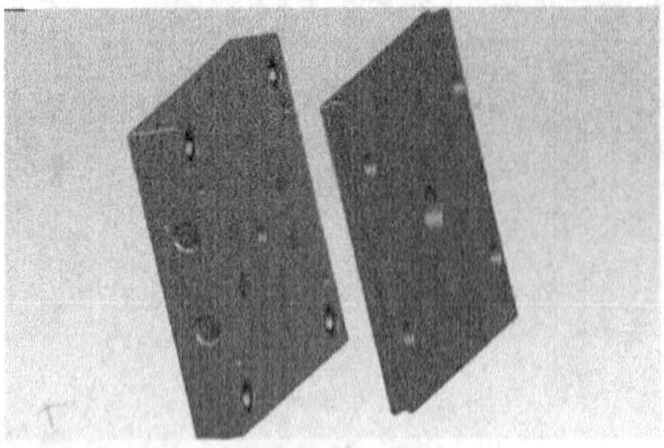		
25			
26			
27			

续表

序号	实　物　图	使用工具	过程描述
28			

学习活动四　工作总结与综合评价

（1）能结合自身任务完成情况，正确规范撰写工作总结（心得体会）。

（2）能按分组情况，分别派代表展示工作成果，说明拆装情况，并作出分析总结。

（3）能就本次任务中出现的问题，提出改进措施。

（4）能对学习与工作进行反思总结，并能与他人开展良好合作，进行有效的沟通。

2学时

学习过程

一、个人评价

在小组内每个人先对完成情况进行评价总结，再由小组推荐代表向全班作小组总结。评价完成后，根据其他组成员对本组的评价意见进行归纳总结，完成自我评价总结的撰写。

拆装结果展示

根据上面检测所得分数，填写表4-4（此表的成绩占总成绩的30%）。

表4-4　拆装合格率汇总表

单位名称		模具类型	模具名称	日期
序号	小组名称	正确拆装数量	不正确拆装数量	产品合格率

注：表中所算得出产品合格率即为小组成员的成绩，如，某一小组的产品合格率为80%，则该组成绩为80分。

二、小组互评（表4-5）

表4-5　小组互评表（占总成绩20%）

被评小组名称：		
被评小组成员：		
序号	评价项目	评价(1～10)
1	团队合作意识，注重沟通	
2	能自主学习及相互协作，尊重他人	
3	学习态度积极主动，能参加安排的活动	
4	服从教师的教学安排，遵守学习场所管理规定，遵守纪律	
5	能正确地领会他人提出的学习问题	
6	遵守学习场所的规章制度	
7	工作岗位的责任心	
8	学习过程全勤	
9	学习主动	
10	能正确对待肯定和否定的意见	
11	团队学习中主动与合作的情况如何	
合计		

参与评价的同学签名：＿＿＿＿＿＿＿＿　　　　＿＿＿＿年＿＿＿＿月＿＿＿日

表格填写说明：

（1）表4-5由其他小组进行评价填写，自己小组的成员不参与自己小组的评价；

（2）每一项的填写都要经过小组大部分人员的认可方可下定分数；

（3）填写过程必须客观公正地对待。

三、教师评价（占总成绩50%）

请在教师引导下根据表现由小组进行评价，再由指导教师给出考核结果（表4-6）。

表4-6　考核结果表（教师填写）

单位名称		班级学号		姓名		成绩	
		模具类型		零件名称			
序号	评价项目	考核内容			所占比率/%	得分	
1	工作服和防护穿戴	按工作服和防护穿戴情况考核			10		
2	选用拆装工具情况	按选用拆装工具情况考核			15		
3	操作熟练度	按操作情况考核			20		

续表

序号	评价项目	考核内容	所占比率/%	得分
4	拆装过程情况	按工序卡片填写情况考核	20	
5	拆装正确率	按模具拆装正确率考核	20	
6	安全文明生产	按要求着装	10	
		操作规范,不损坏设备		
7	团队协作	能与小组成员和谐相处,互相学习,互相帮助,不一意孤行	5	
合计			100	

教师签名：＿＿＿＿＿＿　　　　＿＿＿＿年＿＿＿＿月＿＿＿日

学习活动五　斜导柱模的安装与调试

学习目标

（1）认识常用塑料。

（2）能对产品工艺注射工艺参数的进行调整。

（3）知道模具使用中应该注意的事项。

（4）能发现塑件的缺陷并能提出解决问题的方法。

（5）能主动获取有效信息，拥有踏实严谨、精益求精的学习态度以及敬业爱岗、团结协作的工作作风。

（6）能按车间现场管理规定和要求，整理现场，并填写保养记录。

（7）能主动获取有效信息，展示工作成果，对学习与工作进行总结反思，能与他人合作，进行有效沟通。

建议学时

8 学时

工作情景描述

某企业要生产新产品，要对设计生产的斜导柱模模具进行拆装调试，任务下达到总装车间。你作为车间工作人员，请按要求拆卸斜导柱模模具，完成维护保养、故障分析及维修，并进行装配调试。直到模具工作情况正常，得到合格的制件时才能交付使用。

工作流程与活动

1. 任务一　　斜导柱模的安装与调试　　　　（6 学时）
2. 任务二　　工作总结与综合评价　　　　　（2 学时）

任务一　斜导柱模的安装与调试

学习目标

（1）认识常用塑料。

（2）能对产品工艺注射工艺参数的进行调整。

（3）知道模具使用中应该注意的事项。

（4）能发现塑件的缺陷并能提出解决问题的方法。

（5）能主动获取有效信息，拥有踏实严谨、精益求精的学习态度以及敬业爱岗、团结协作的工作作风。

 建议学时　6学时

 学习过程

一、斜导柱模具安装与调试过程

请观看斜导柱模安装与调试的视频，然后认真选择，并完成表斜导柱模模具安装与调试过程（表4-7）。

过程描述：

A. 调整好参数后，进行塑料模具试做。

B. 斜导柱模试做产品。

C. 打开电源开关。

D. 调整试模输入参数。

E. 调整试模输入参数。

F. 打开紧急开关。

G. 连接后调整好距离，再检查是否装好配件，是否固定好。

H. 检查一下斜导柱模是否装配完成。

I. 固定斜导柱模定模部分。

J. 固定斜导柱模动模部分。

表4-7　斜导柱模具安装与调试过程

序号	图　示	过程描述
1		
2		

续表

序号	图　示	过程描述
3	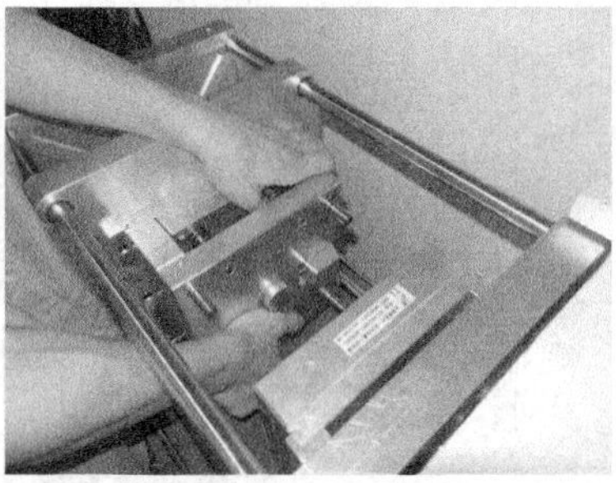	
4		
5	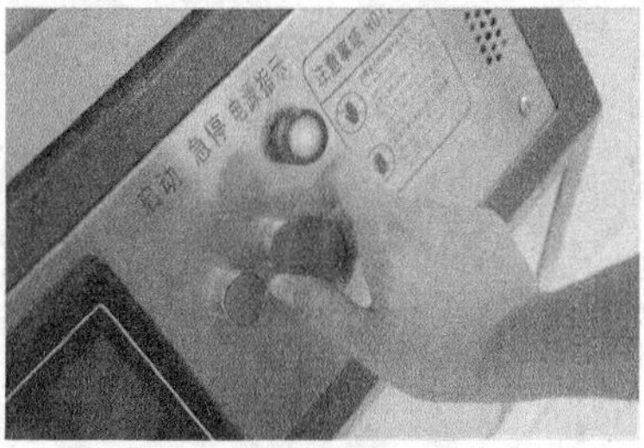	
6		
7		

续表

序号	图示	过程描述
8		
9		
10		

二、填写注塑模成型工艺过程（表 4-8）

表 4-8 注塑模成型工艺过程

序号	步骤	序号	步骤
1		5	
2		6	
3		7	
4		8	

三、注塑模具的卸模

观看视频后请写出注塑模具卸模步骤。

任务二　工作总结与综合评价

学习目标

（1）能结合自身任务完成情况，正确规范撰写工作总结（心得体会）。
（2）能按分组情况，分别派代表展示工作成果，说明拆装情况，并作出分析总结。
（3）能就本次任务中出现的问题，提出改进措施。
（4）能对学习与工作进行反思总结，并能与他人开展良好合作，进行有效的沟通。

建议学时　2学时

学习过程

一、能结合自身任务完成情况，正确规范撰写工作总结（心得体会）。

工作总结（心得体会）

二、个人评价

在小组内每个人先对完成情况进行评价总结，再由小组推荐代表向全班作小组总结。评价完成后，根据其他组成员对本组的评价意见进行归纳总结，完成自我评价总结的撰写。

安装与调试结果展示

根据上面检测所得分数，填写表4-9（此表的成绩占总成绩的30%）。

表4-9 安装与调试合格率汇总表

单位名称		模具类型	模具名称	日期
序号	小组名称	正确安装与调试数量	不正确安装与调试数量	安装与调试合格率

注：表中所算得出产品合格率即为小组成员的成绩，如，某一小组的产品合格率为80%，则该组成绩为80分。

三、小组互评（表4-10）

表4-10 小组互评表（占总成绩20%）

被评小组名称：		
被评小组成员：		
序号	评价项目	评价(1～10)
1	团队合作意识，注重沟通	
2	能自主学习及相互协作，尊重他人	
3	学习态度积极主动，能参加安排的活动	
4	服从教师的教学安排，遵守学习场所管理规定，遵守纪律	
5	能正确地领会他人提出的学习问题	
6	遵守学习场所的规章制度	
7	工作岗位的责任心	
8	学习过程全勤	
9	学习主动	
10	能正确对待肯定和否定的意见	
11	团队学习中主动与合作的情况如何	
合计		

参与评价的同学签名：________________ ______年______月____日

表格填写说明：

（1）表4-10由其他小组进行评价填写，自己小组的成员不参与自己小组的评价；

（2）每一项的填写都要经过小组大部分人员的认可方可下定分数；

（3）填写过程必须客观公正地对待。

四、教师评价（占总成绩50%）

请在教师引导下根据表现由小组进行评价，再由指导教师给出考核结果（表4-11）。

表4-11 考核结果表（教师填写）

单位名称		班级学号		姓名		成绩	
		模具类型		零件名称			
序号	评价项目	考核内容			所占比率/%	得分	
1	工作服和防护穿戴	按工作服和防护穿戴情况考核			10		
2	选用安装与调试工具情况	按选用安装与调试工具情况考核			15		

续表

序号	评价项目	考核内容	所占比率/%	得分
3	操作熟练度	按操作情况考核	20	
4	安装与调试过程情况	按工序卡片填写情况考核	20	
5	安装与调试正确率	按模具安装与调试正确率考核	20	
6	安全文明生产	按要求着装	10	
		操作规范,不损坏设备		
7	团队协作	能与小组成员和谐相处,互相学习,互相帮助,不一意孤行	5	
合计			100	

教师签名:______________ ________年________月______日

学习任务五　QQ 级进模的拆卸与装配

学习目标

（1）能解读模具拆装的操作规程。

（2）能列举常见的模具种类，辨认出 QQ 级进模结构部件名称。

（3）会使用拆卸工量具。

（4）能拆卸冲裁模。

（5）能把模具装配复原。

（6）能主动获取有效信息，拥有踏实严谨、精益求精的学习态度以及敬业爱岗、团结协作的工作作风。

（7）能按车间现场管理规定和要求，整理现场，并填写保养记录。

（8）能主动获取有效信息，展示工作成果，对学习与工作进行总结反思，能与他人合作，进行有效沟通。

（9）能对设备（模具教具）进行日常维护保养。

建议学时　32 学时

工作情景描述

某企业要修配一套 QQ 级进模，生产任务下达到总装车间。你作为车间装配员工，请按要求拆卸，在固定板上装配好凸模（凹模），控制好凸、凹模间隙，并完成螺钉及销钉的装配，调试完成后交付生产车间使用。

工作流程与活动

1. 学习活动一　　QQ 级进模结构认知　　（4 学时）
2. 学习活动二　　QQ 级进模的拆卸　　（10 学时）
3. 学习活动三　　QQ 级进模的装配　　（8 学时）
4. 学习活动四　　工作总结与综合评价　　（2 学时）
5. 学习活动五　　QQ 级进模的安装与调试　　（8 学时）

学习活动一　QQ 级进模结构认知

学习目标

（1）能认识复合模的种类，辨认出 QQ 级进模。

（2）能说出 QQ 级进模结构部件名称。

（3）能按车间现场管理规定和要求，整理现场，并填写保养记录。

建议学时　4 学时

学习过程

一、QQ 级进模具的知识

1. QQ 级进模结构认知

通过学习后，我们了解到 QQ 级进模是属于金属模具中的复合模。在模具拆装之前，需要先认识 QQ 级进模结构，清楚每个部件的名称与作用，现在我们通过小词典学习一下它的结构。

模具工作原理：工作时，上模上行，将毛坯送入模具，由浮动导料销对料带进行导向，上模下行，先冲出一个定位孔，冲孔完成，上模上行；随后通过自动送料机构使料带前移于第一定位销上方，上模下行，由卸料板压住浮动导料销，浮动导料销带着料带下压，套入第一个定位销，并紧压料带于凹模上，冲头下压，冲出成型孔，废料于凹模落料孔排出；接着由自动送料机构，将定位孔置于第二个定位销上方（两定位销确保定位精准），重复上一冲压工序，逐一完成浅拉深成型、落料（产品出件），模具回到上始点时，该冲压过程完成。

2. QQ 级进模模型图与工件

QQ 级进模结构爆炸图与产品图见图 5-1、图 5-2。

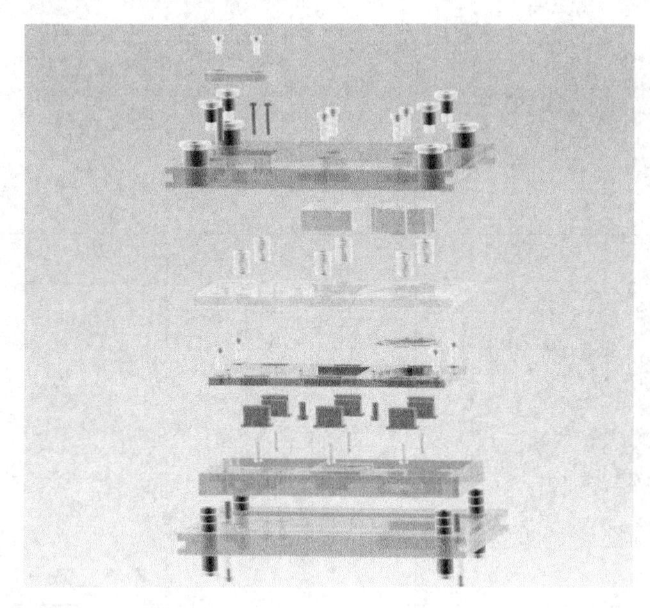

图 5-1　QQ 级进模结构爆炸图

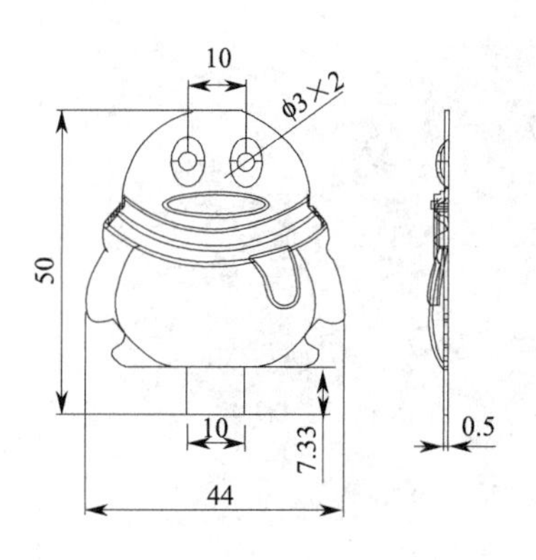

图 5-2　产品 2D 图与产品 3D 图

二、通过观看教学视频，认知QQ级进模零件，并完成表5-1。

表5-1 QQ级进模零件

序号	实物图	名称	材料	作用用途	备注
1					
2	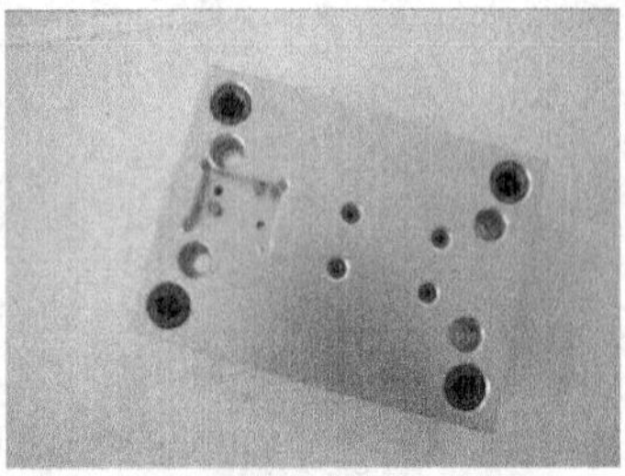				侧面开设码模槽
3	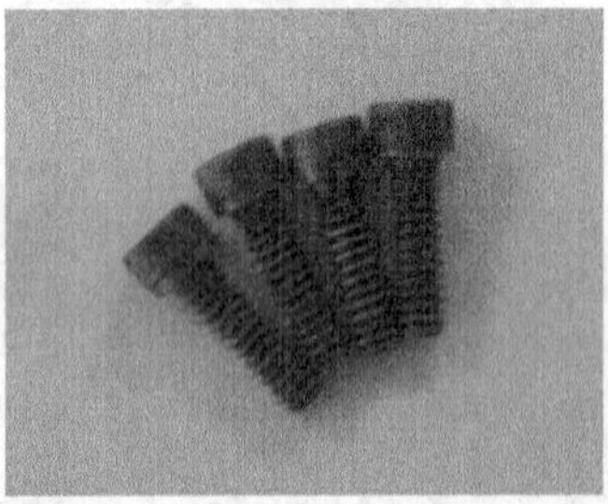				
4					

续表

序号	实物图	名称	材料	作用用途	备注
5					侧面开设码模槽
6					一般都采用组合式，方便更换
7	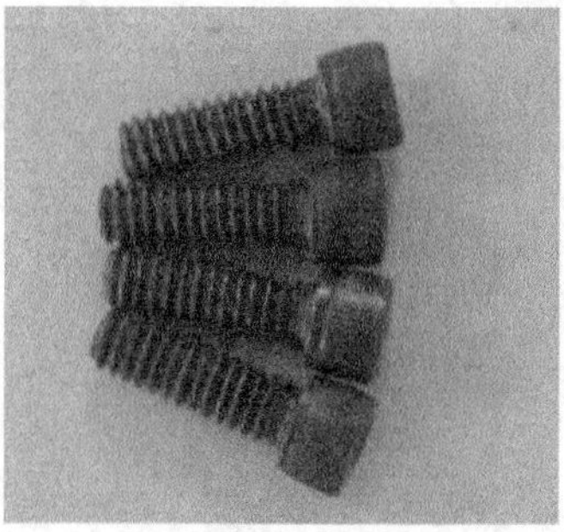				
8	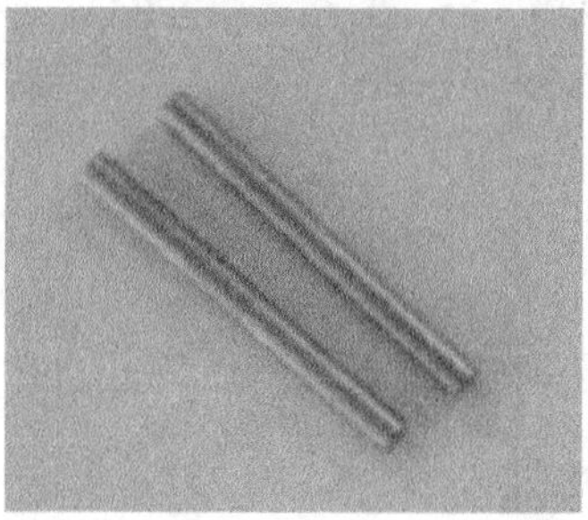				对于有装配精度的，一般先按照定位销，然后再安装螺钉
9	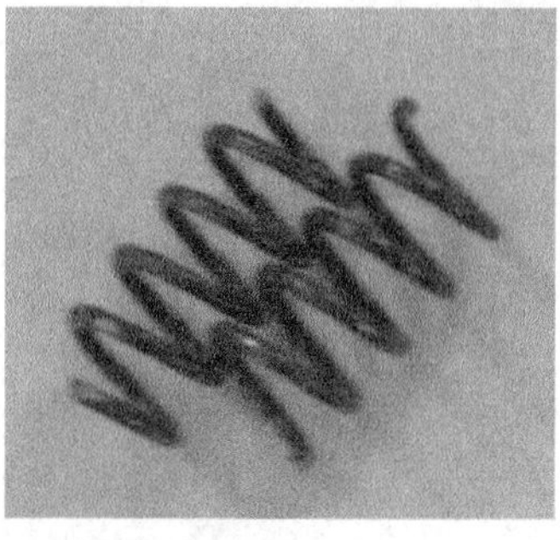				设计时，应考虑弹簧的最大压缩量和使用寿命

续表

序号	实物图	名称	材料	作用用途	备注
10	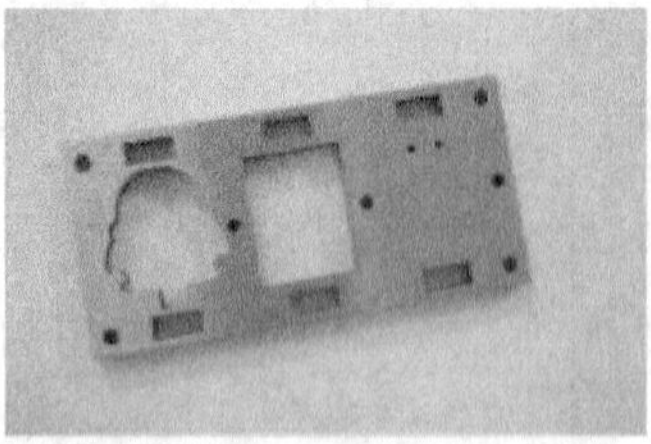				冲压时,两者需承受较大冲压力,应满足其强度和刚度要求
11	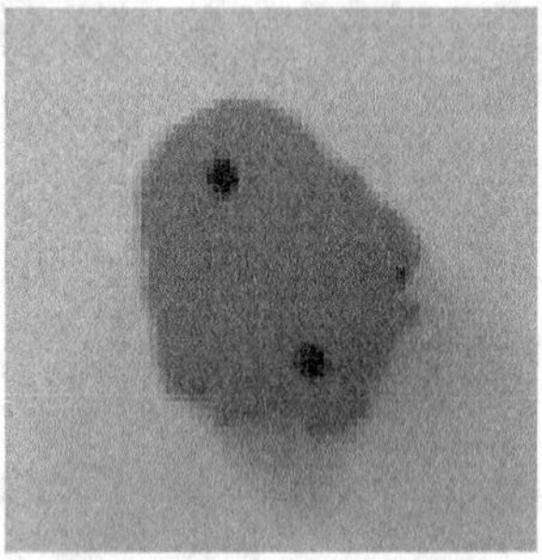				冲压时,两者需承受较大冲压力,应满足其强度和刚度要求
12	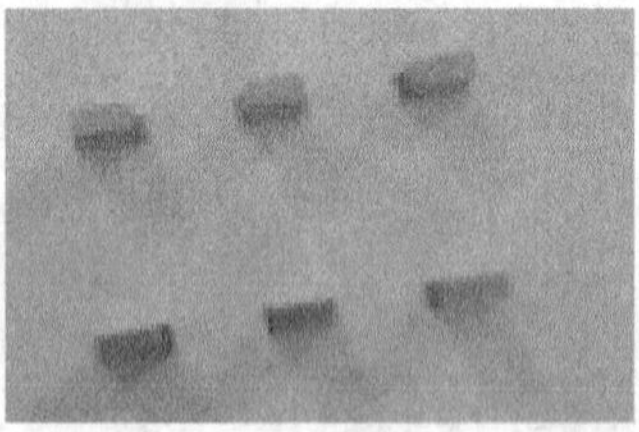				
13					
14					

续表

序号	实物图	名称	材料	作用用途	备注
15	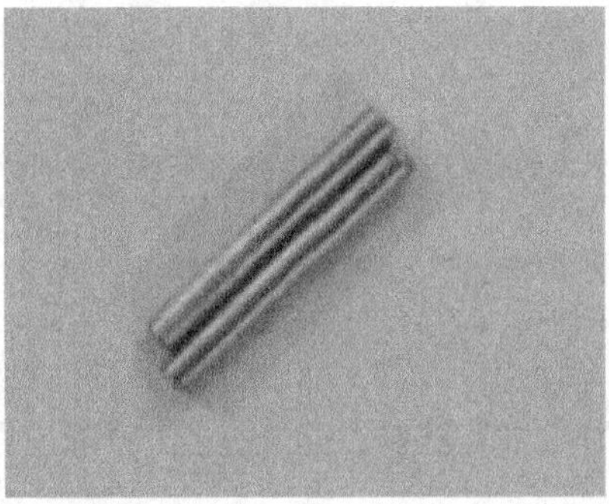				
16	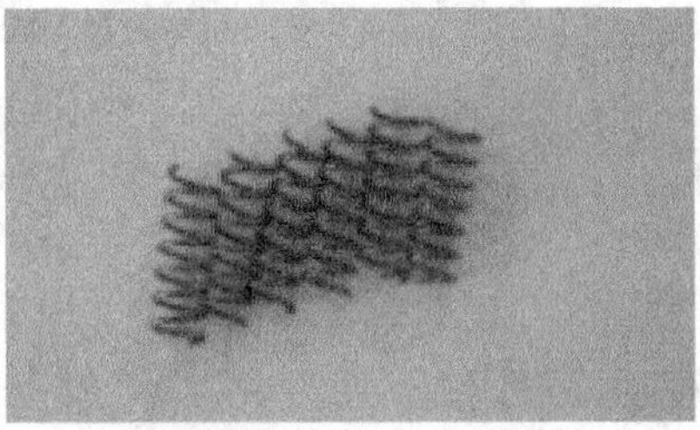				设计时,应考虑弹簧的最大压缩量和使用寿命
17	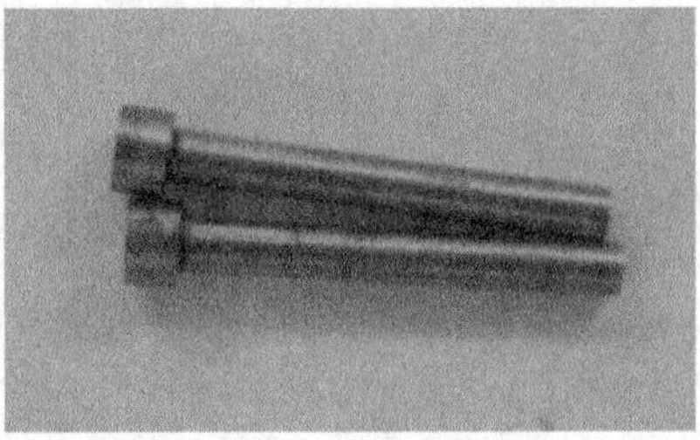				
18					

请根据表5-1QQ级进模零件的分类，找出相应的模具并作记录，经老师确认后在相应栏目打“√”。

凹模固定螺钉(　　)　限位拉杆(　　)　定位销(　　)　弹簧(　　)　压料板(　　)
下模座(　　)　上模座(　　)　导柱(　　)　凹模固定板(　　)

学习活动二　QQ 级进模的拆卸

学习目标

（1）能利用正确选用的拆卸工具。

（2）能正确进行拆卸简单 QQ 级进模。

（3）能说出 QQ 级进模的拆卸工艺过程。

（4）在老师的指导下完成 QQ 级进模的拆卸。

（5）能主动获取有效信息，拥有踏实严谨、精益求精的学习态度以及敬业爱岗、团结协作的工作作风。

建议学时　10 学时

学习过程

一、QQ 级进模拆卸过程

（1）观看 QQ 级进模拆卸视频，注意各零部件装配关系。

（2）观看 QQ 级进模工作过程视频，注意 QQ 级进模的工作状态，然后完成表 5-2。

表 5-2　QQ 级进模拆卸过程

序号	实　物　图	使用工具	过程描述
1			
2			

续表

序号	实　物　图	使用工具	过程描述
3	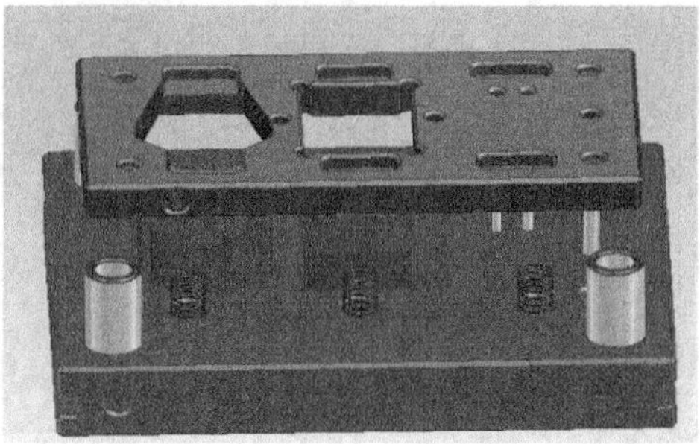		
4	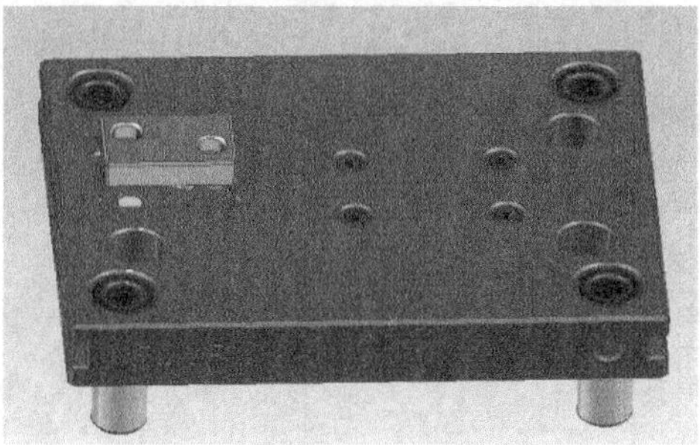		
5	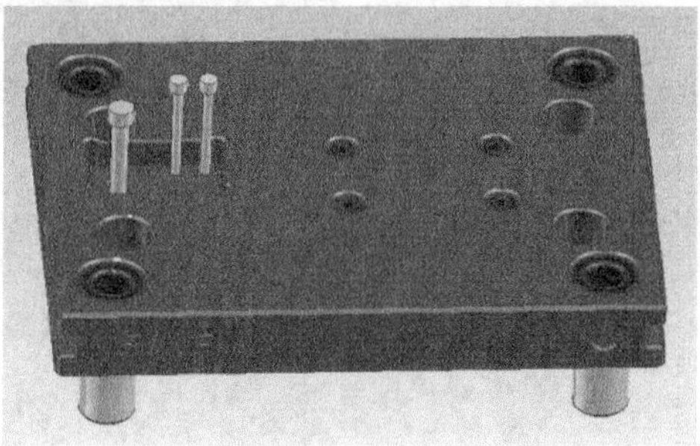		
6	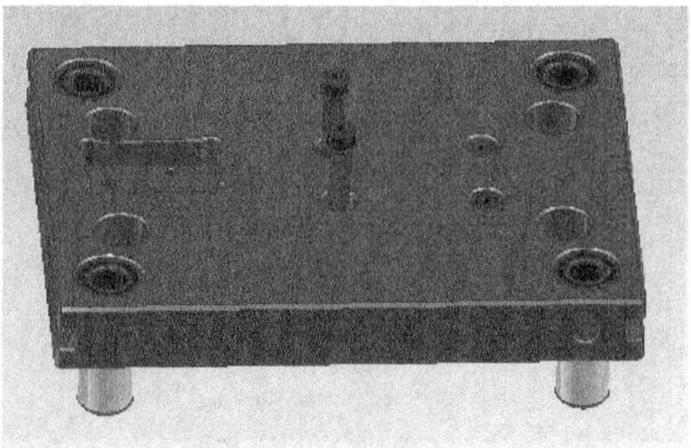		

续表

序号	实　物　图	使用工具	过程描述
7	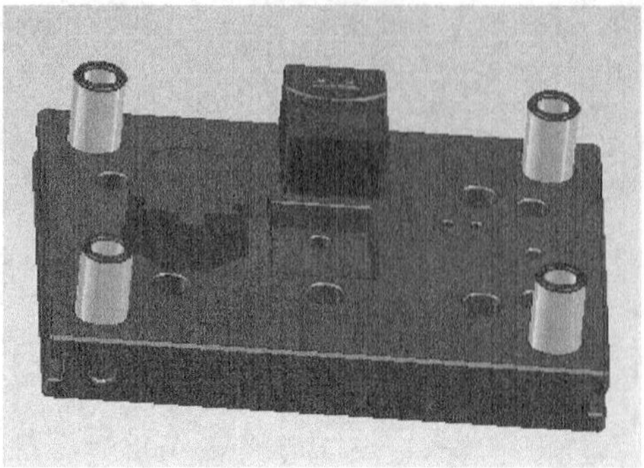		
8	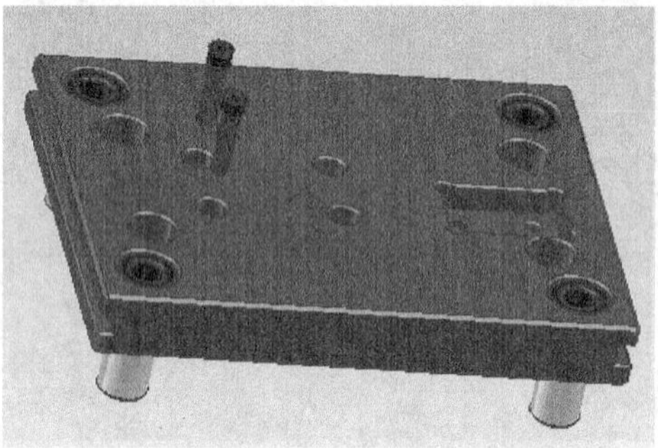		
9			
10	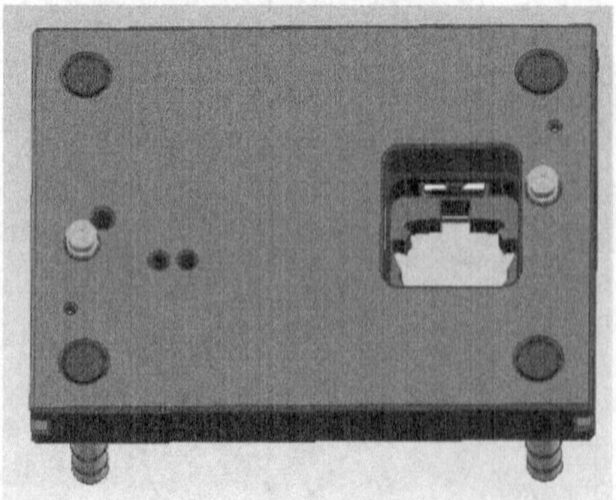		

续表

序号	实　物　图	使用工具	过程描述
11			
12	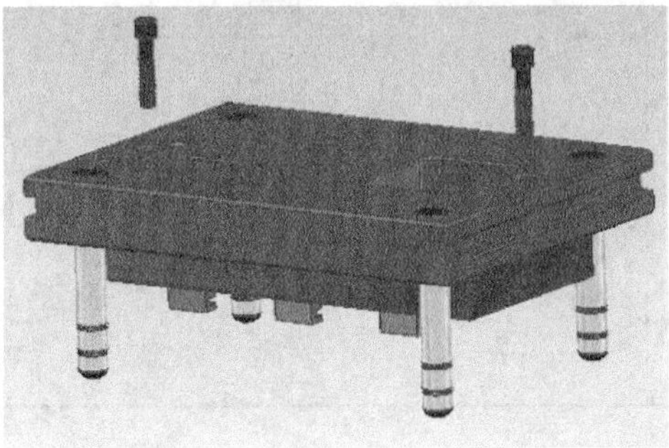		
13			
14	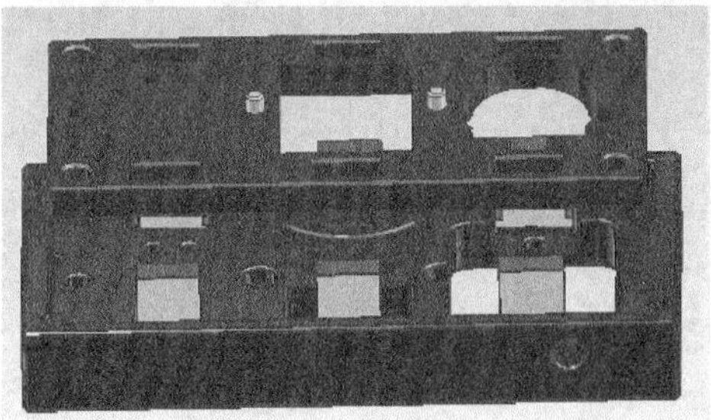		
15	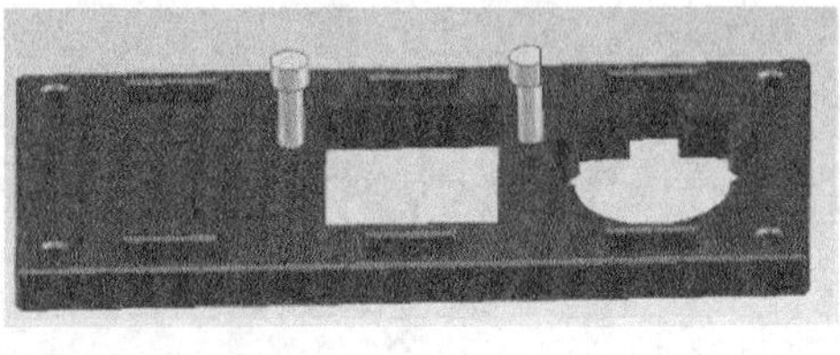		

续表

序号	实　物　图	使用工具	过程描述
16	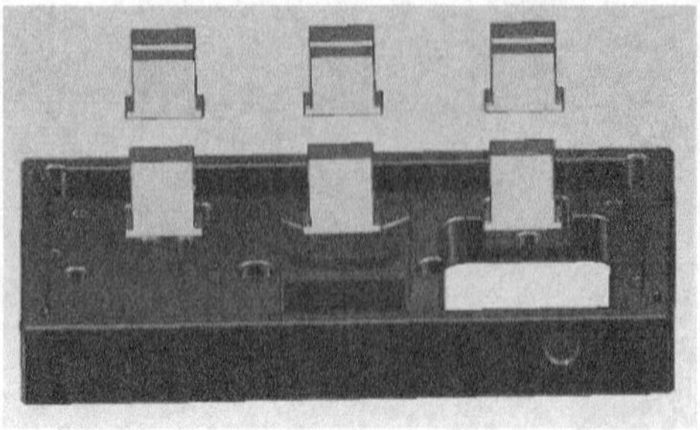		
17	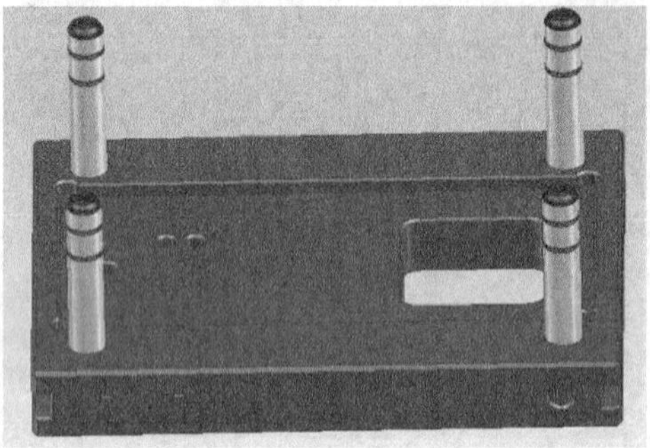		

二、拓展练习

请同学们通过以上学习，然后分组进行对 QQ 级进模的拆卸，再说一说 QQ 级进模的拆卸过程。

学习活动三　QQ 级进模的装配

学习目标

(1) 能知道凸凹模的固定方法。
(2) 能控制凸凹模的间隙、装配模架。
(3) 会螺钉及销钉的装配方法。
(4) 能说出单工序 QQ 级进模的装配工艺过程。
(5) 在老师的指导下完成 QQ 级进模的装配。

建议学时　8 学时

学习过程

一、模具拆装时的注意事项

在模具装配之前，需要先认识模具装配相关知识——装配模具常用工具、模具结构图、模具标准件。请认真阅读学习任务二中的小技巧内容，再认真完成 QQ 级进模装配过程表。

二、QQ 级进模装配过程

(1) 配合观看 QQ 级进模装配视频，注意各零部件装配关系。

（2）观看QQ级进模工作过程视频，注意QQ级进模的工作状态，然后完成表5-3。

表5-3　QQ级进模装配过程

序号	实　物　图	使用工具	过程描述
1	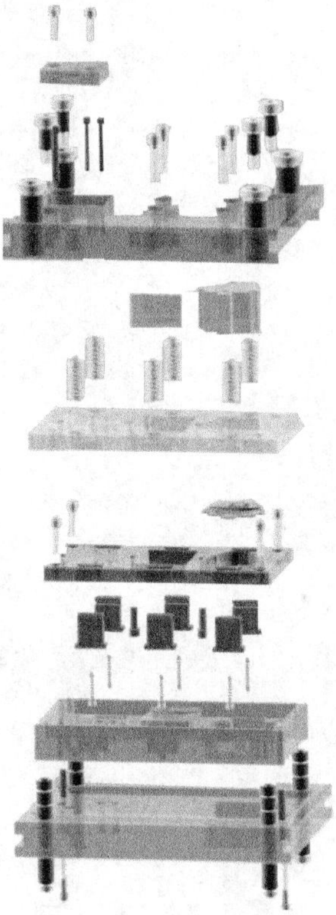		
2	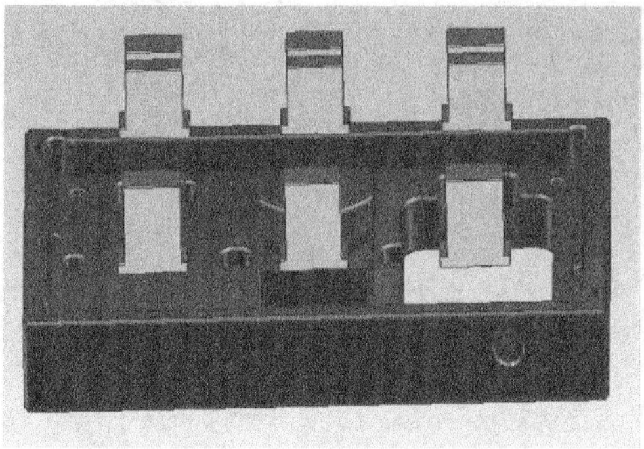		
3	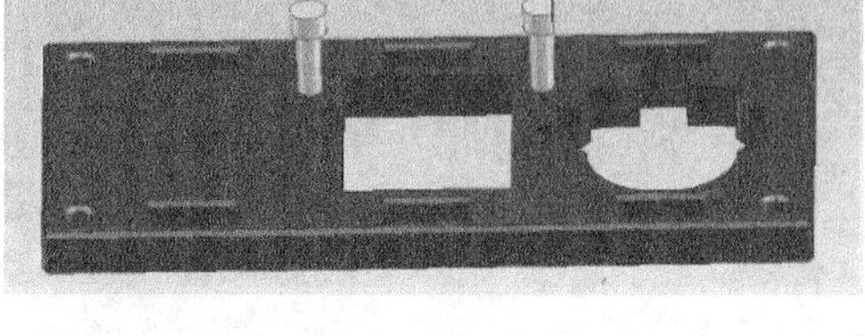		

续表

序号	实　物　图	使用工具	过程描述
4	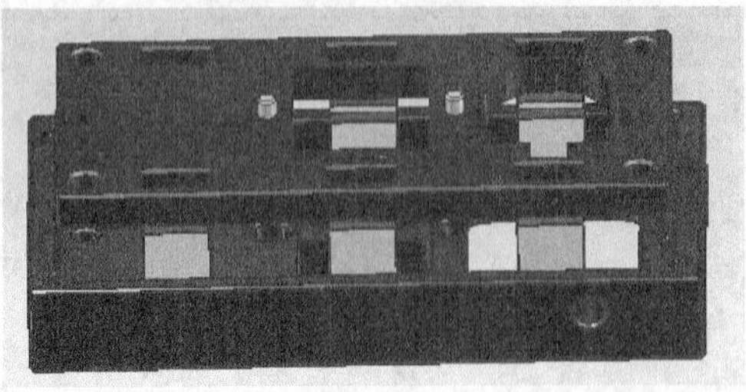		
5	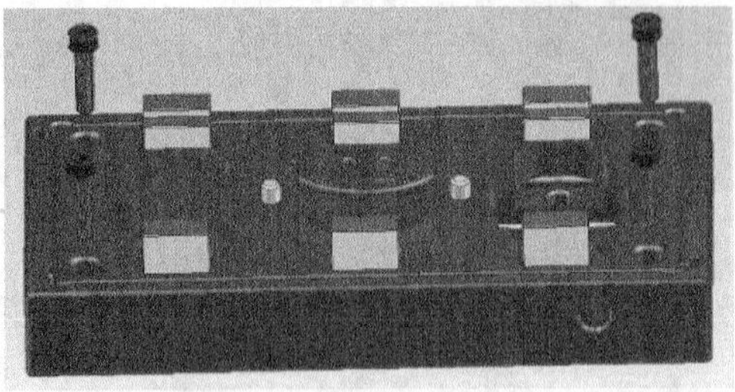		
6	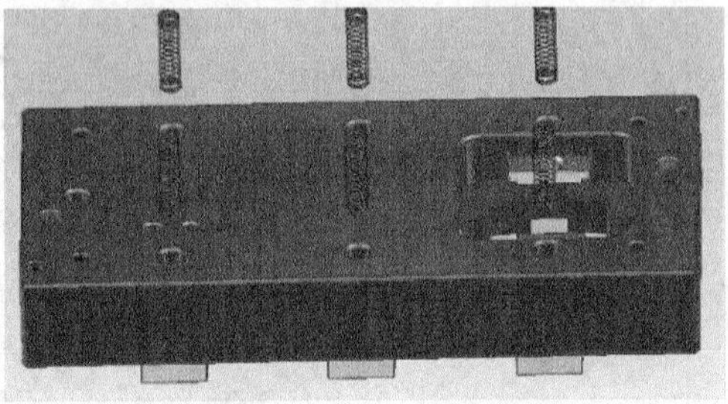		
7			
8	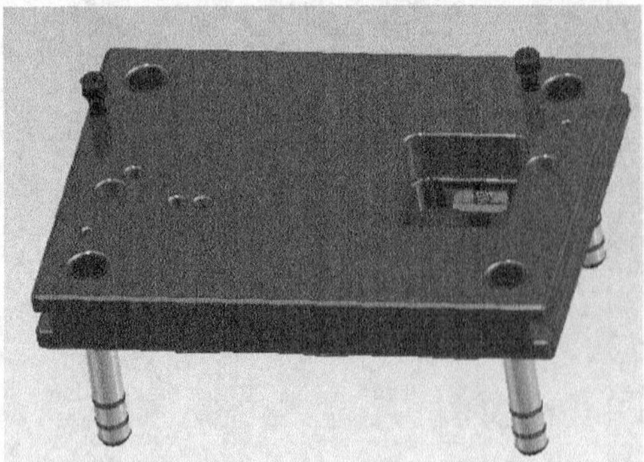		

续表

序号	实　物　图	使用工具	过程描述
9	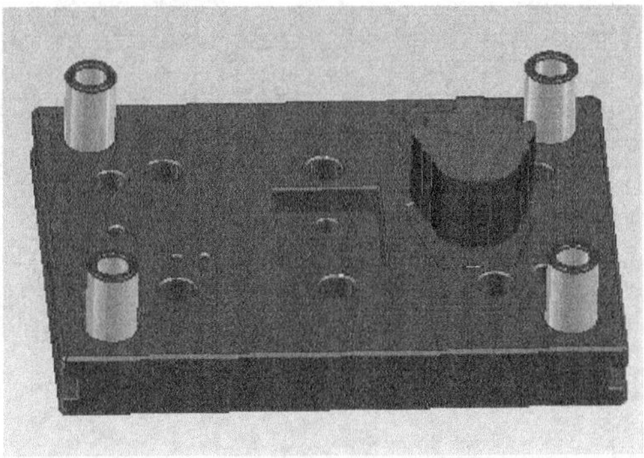		
10	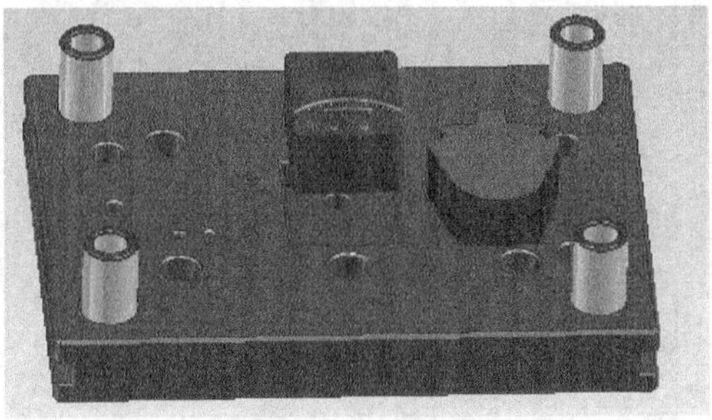		
11	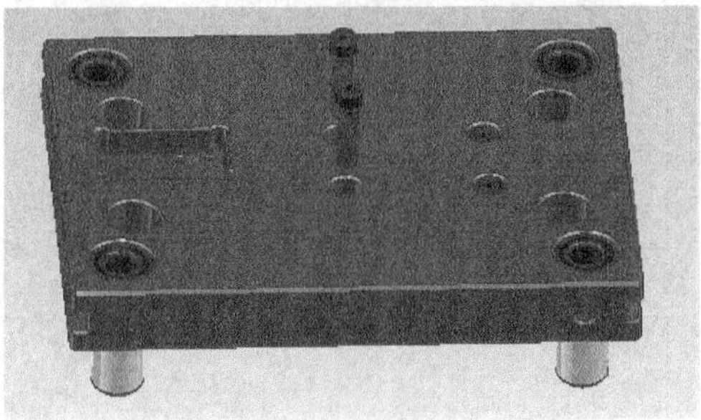		
12	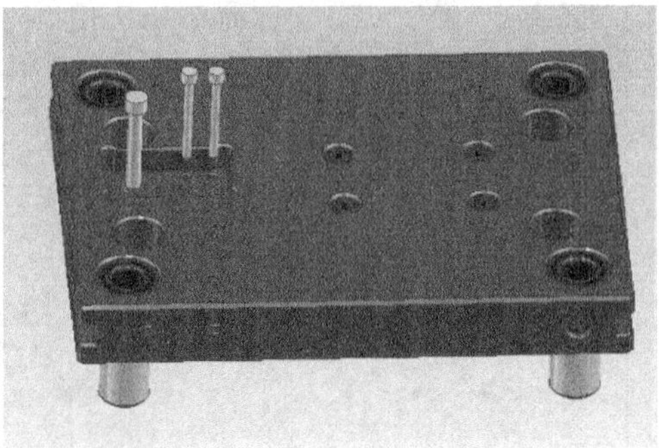		

续表

序号	实　物　图	使用工具	过程描述
13	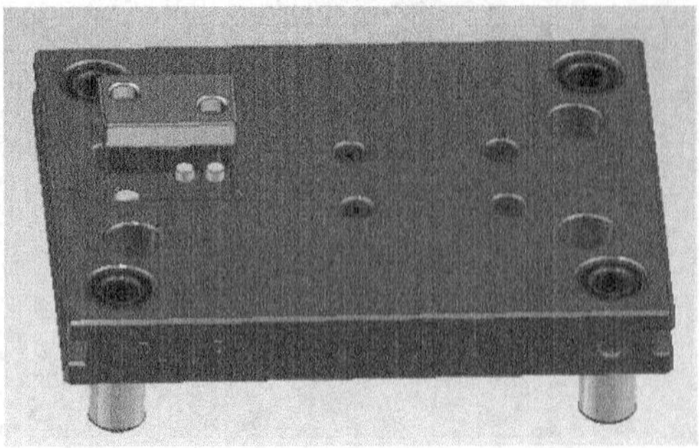		
14	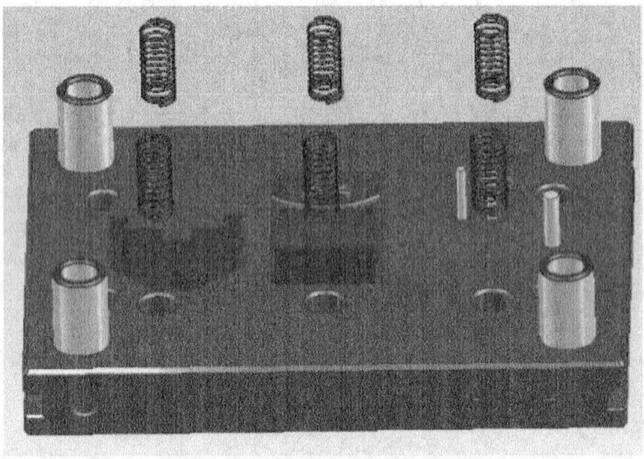		
15	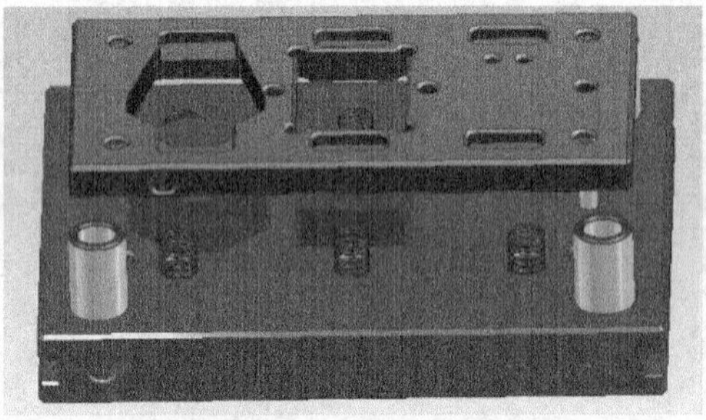		
16			

续表

序号	实　物　图	使用工具	过程描述
17			
18			

三、拓展练习

学习完以上内容后，请按照正确顺序排列QQ级进模装配过程。

(1) 装配导柱　(2) 装配成型凸模　(3) 装配压料板　(4) 装配凹模固定板
(5) 装配凹模　(6) 装配冲裁凸模　(7) 装定位销　(8) 调整间隙
(9) 打刻编号　(10) 装配导套　(11) 总装配

正确顺序是：

学习活动四　工作总结与综合评价

学习目标

(1) 能结合自身任务完成情况，正确规范撰写工作总结（心得体会）。
(2) 能按分组情况，分别派代表展示工作成果，说明拆装情况，并作出分析总结。

（3）能就本次任务中出现的问题，提出改进措施。

（4）能对学习与工作进行反思总结，并能与他人开展良好合作，进行有效的沟通。

 建议学时 2学时

 学习过程

一、个人评价

在小组内每个人先对完成情况进行评价总结，再由小组推荐代表向全班作小组总结。评价完成后，根据其他组成员对本组的评价意见进行归纳总结，完成自我评价总结的撰写。

拆装结果展示

根据上面检测所得分数，填写表5-4（此表的成绩占总成绩的30%）。

表5-4 拆装合格率汇总表

单位名称		模具类型	模具名称	日期
序号	小组名称	正确拆装数量	不正确拆装数量	产品合格率

注：表中所算得出产品合格率即为小组成员的成绩，如，某一小组的产品合格率为80%，则该组成绩为80分。

二、小组互评（表5-5）

表5-5 小组互评表（占总成绩20%）

被评小组名称：		
被评小组成员：		
序号	评价项目	评价(1～10)
1	团队合作意识,注重沟通	
2	能自主学习及相互协作,尊重他人	
3	学习态度积极主动,能参加安排的活动	
4	服从教师的教学安排,遵守学习场所管理规定,遵守纪律	
5	能正确地领会他人提出的学习问题	
6	遵守学习场所的规章制度	

续表

序号	评价项目	评价(1～10)
7	工作岗位的责任心	
8	学习过程全勤	
9	学习主动	
10	能正确对待肯定和否定的意见	
11	团队学习中主动与合作的情况如何	
合计		

参与评价的同学签名：＿＿＿＿＿＿＿＿　　　　＿＿＿＿年＿＿＿＿月＿＿日

表格填写说明：

(1) 表5-5由其他小组进行评价填写，自己小组的成员不参与自己小组的评价；

(2) 每一项的填写都要经过小组大部分人员的认可方可下定分数；

(3) 填写过程必须客观公正地对待。

三、教师评价（占总成绩50%）

请在教师引导下根据表现由小组进行评价，再由指导教师给出考核结果（表5-6）。

表5-6　考核结果表（教师填写）

<table>
<tr><td rowspan="2">单位名称</td><td rowspan="2"></td><td>班级学号</td><td></td><td>姓名</td><td colspan="2"></td><td colspan="2">成绩</td><td></td></tr>
<tr><td>模具类型</td><td></td><td colspan="2">零件名称</td><td colspan="4"></td></tr>
<tr><td>序号</td><td>评价项目</td><td colspan="4">考　核　内　容</td><td colspan="2">所占比率/%</td><td colspan="2">得分</td></tr>
<tr><td>1</td><td>工作服和防护穿戴</td><td colspan="4">按工作服和防护穿戴情况考核</td><td colspan="2">10</td><td colspan="2"></td></tr>
<tr><td>2</td><td>选用拆装工具情况</td><td colspan="4">按选用拆装工具情况考核</td><td colspan="2">15</td><td colspan="2"></td></tr>
<tr><td>3</td><td>操作熟练度</td><td colspan="4">按操作情况考核</td><td colspan="2">20</td><td colspan="2"></td></tr>
<tr><td>4</td><td>拆装过程情况</td><td colspan="4">按工序卡片填写情况考核</td><td colspan="2">20</td><td colspan="2"></td></tr>
<tr><td>5</td><td>拆装正确率</td><td colspan="4">按模具拆装正确率考核</td><td colspan="2">20</td><td colspan="2"></td></tr>
<tr><td rowspan="2">6</td><td rowspan="2">安全文明生产</td><td colspan="4">按要求着装</td><td colspan="2" rowspan="2">10</td><td colspan="2" rowspan="2"></td></tr>
<tr><td colspan="4">操作规范，不损坏设备</td></tr>
<tr><td>7</td><td>团队协作</td><td colspan="4">能与小组成员和谐相处，互相学习，互相帮助，不一意孤行</td><td colspan="2">5</td><td colspan="2"></td></tr>
<tr><td colspan="6">合计</td><td colspan="2">100</td><td colspan="2"></td></tr>
</table>

教师签名：＿＿＿＿＿＿＿＿　　　　＿＿＿＿年＿＿＿＿月＿＿＿日

学习活动五　QQ级进模的安装与调试

学习目标

(1) 认识微型冲压机。

(2) 会选用适当的微型冲压机。

(3) 能熟练操作微型冲压机。

(4) 知道模具安装前的准备工作和安装步骤。

(5) 能正确地把模具安装到微型冲压机。

(6) 能分析出冲压机生产产品不良现象的原因。

(7) 能提出解决冲压机产品不良现象的措施。

(8) 能熟练掌握冲模的调试方法。

(9) 能结合实际对冲模进行维护与维修。

(10) 能主动获取有效信息，拥有踏实严谨、精益求精的学习态度以及敬业爱岗、团结协作的工作作风。

(11) 能按车间现场管理规定和要求，整理现场，并填写保养记录。

(12) 能主动获取有效信息，展示工作成果，对学习与工作进行总结反思，能与他人合作，进行有效沟通。

建议学时 8学时

工作情景描述

某企业要生产新产品，要对设计生产的QQ级进模进行拆装调试，任务下达到总装车间。你作为车间工作人员，请按要求拆卸并测绘该QQ级进模，完成维护保养、故障分析及维修，并进行装配调试。直到模具工作情况正常，得到合格的制件时才能交付使用。

工作流程与活动

1. 任务一　QQ级进模的安装与调试　(6学时)
2. 任务二　工作总结与综合评价　(2学时)

任务一　QQ级进模的安装与调试

学习目标

(1) 认识微型冲压机。

(2) 会选用适当的微型冲压机。

(3) 能熟练操作微型冲压机。

(4) 知道模具安装前的准备工作和安装步骤。

(5) 能正确地把模具安装到微型冲压机。

建议学时 6学时

学习过程

QQ级进模调试需要在微型冲压机上进行，在操作时必须严格按照操作规程执行。在调试之前，认真学习冲压机的安全操作规程。

一、冲压机的安全操作规程

(1) 冲压机操作工必须经过学习培训，熟悉操作规程可方可独立操作。

(2) 正确使用冲压机上的安全保护装置和控制装置，不得任意拆动。

(3) 检查冲压机各传动、连接、润滑等部位及防护保险装置是否正常，装模具螺钉必须牢固，不得移动。

(4) 装模具时要夹紧牢固，上、下模对正，保证位置正确，确保模具处于良好情况下工作。

(5) 开机前要注意润滑，取下冲压机上的一切浮放物品。

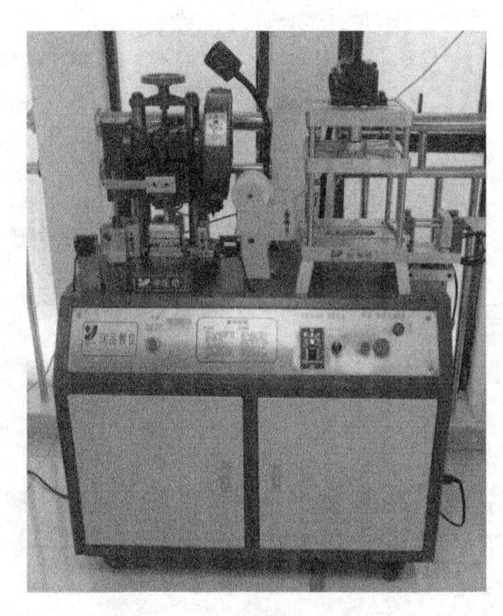

图 5-3　微型冲压机

（6）冲压前，开机运行一会，确保油压的稳定，确认正常后方可使用，不得带病工作。

（7）冲压机在冲压时，操作者站立要恰当，手和头部应与冲压机保持一定的距离，并时刻注意冲压区行程，严禁与他人闲谈。

（8）冲压工件时，应用专门工具，不得用手直接送料或取件。

（9）冲压时，手不准长时间放在控制按钮上，必须冲压一次按一下按钮，严防事故。

（10）冲压机运行过程中手不得伸入冲压机工作区。

（11）工作结束时及时停机，切断电源，擦拭冲压机，整理环境。

（12）工作前必须穿戴好劳动保护用品，检查冲压机否完好，严禁在拉伸机不正常情况下工作。

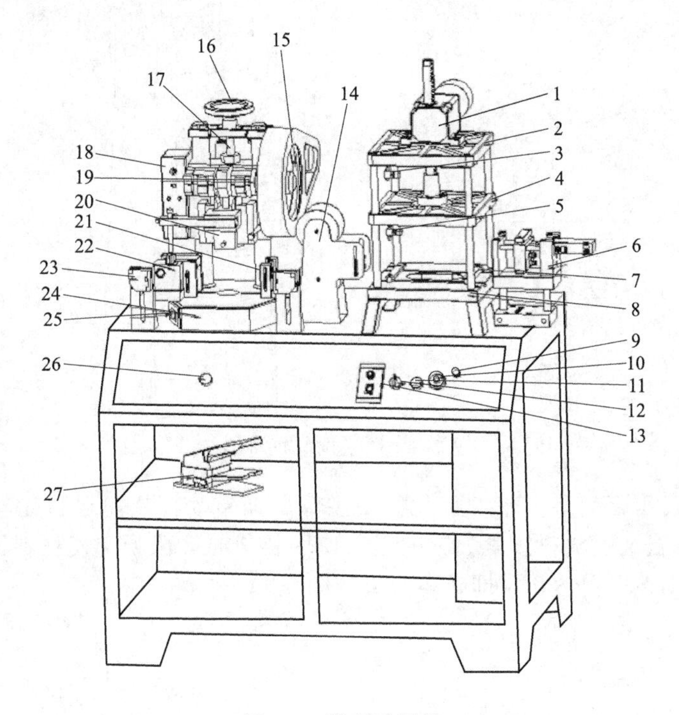

图 5-4　微型冲压机

1—冲压机调速电机；2—冲压机上支架；3—上行限位光电控制开关；4—冲压机上模活动板；5—下行限位光电控制开关；6—气动式传动送料结构；7—模具压条；8—冲压机下支架；9—电源指示灯；10—急停开关；11—电源总启动开关；12—冲压机控制开关；13—冲压机调速开关；14—料架；15—飞轮；16—手轮；17—升降丝杆；18—冷冲机动作控制面板；19—超越式离合器；20—滑块；21—材料导向机构；22—机械式传动送料结构；23—红外线保护装置；24—工作台；25—冲压机独立启动开关；26—手动启动器；27—脚踏启动

（13）检查冲压机冲压销固定装置是否紧固，冲压销是否变形，无任何异常后调整冲压丝杆符合预冲压瓶体尺寸。

(14) 预冲压瓶体，并对实际测量瓶体尺寸，都符合尺寸要求后方可正式工作。

(15) 定期检查油缸内液压油情况，油质出现问题或油位达不到总高度三分之二时及时换油或加油。

(16) 工作完毕后清理设备及地面卫生，并记录好工序传递单。

二、微型冲压机用途及适应范围

微型冲压机（图 5-3）主要用于模具教学领域，是一种结合冷冲、拉伸为一体的小型成型机组，不仅操作简单、噪音小、安全性能高，更能从感性上展示出模具运动及产品成型全过程，使难以理解的知识，通过教具的先导达到事半功倍的效果。

三、微型冲压机操纵示意图

微型冲压机如图 5-4 所示。

此料架的拉伸机储料轮（图 5-5），在通过压料滚轮的调整下，使材料平放在模具上，再配合气动式送料机，使其操作更简捷。此料架的冲压机储料轮（图 5-5），在通过机器上的机械式传动送料结构，使材料平放在模具上，再配合机械式送料机，可以使冲压机的联动系统效率更高。

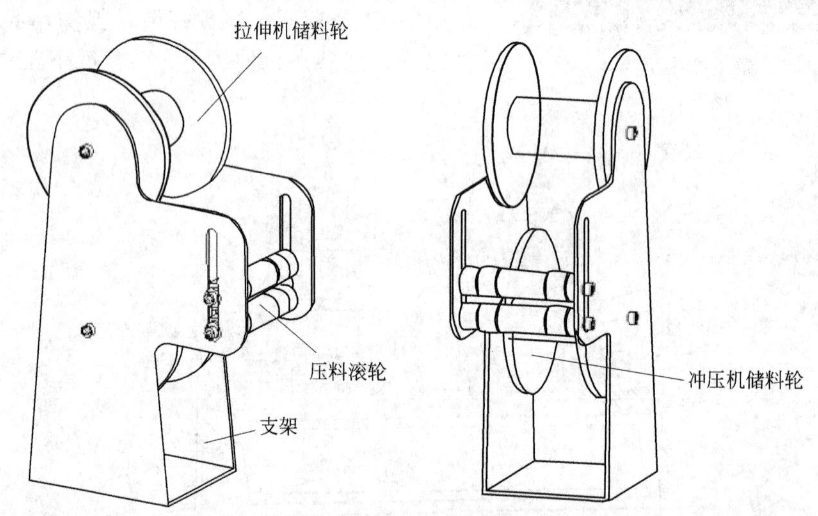

图 5-5　微型拉伸机料架

微型冲压机通过压下齿条，带动齿轮，使主轴单向转动，从而送料轮转动使料向前运动（图 5-6）。微型冲压机通过材料锁紧气缸的运动使压料板向下压紧，使材料固定，在通过横轴气缸的运动，使活动板向前运动，即送料完成（图 5-7）。

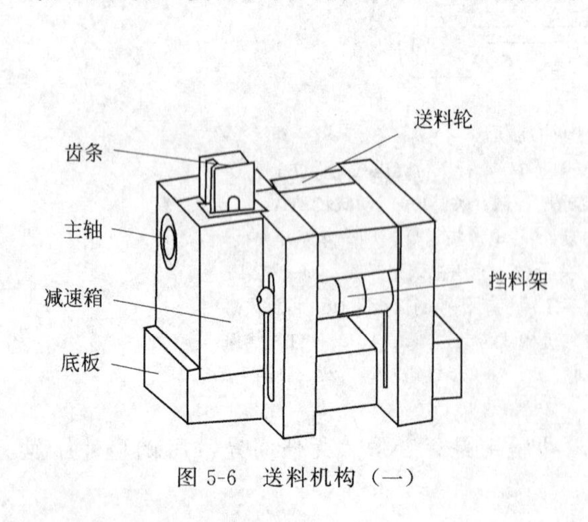

图 5-6　送料机构（一）

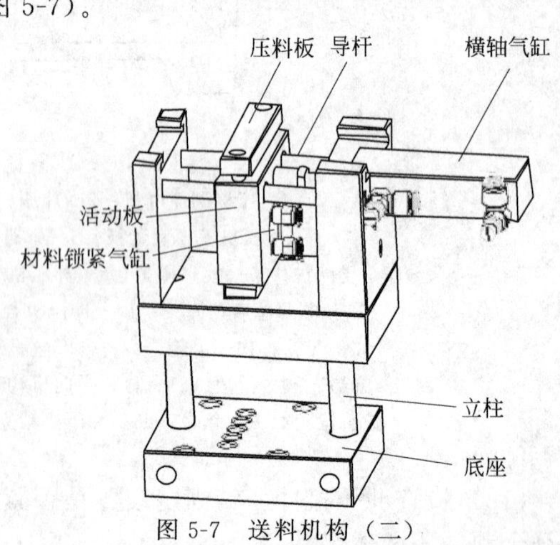

图 5-7　送料机构（二）

四、QQ 级进模安装与调试过程（表 5-7）

表 5-7　QQ 级进模安装与调试过程

序号	QQ 级进模安装与调试(图示)	过程描述
1	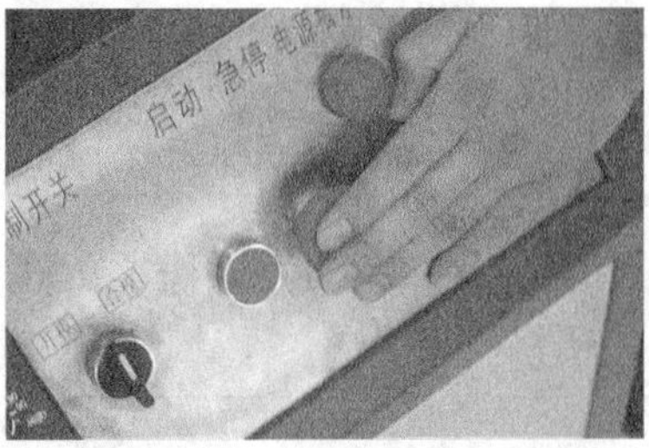	
2		
3	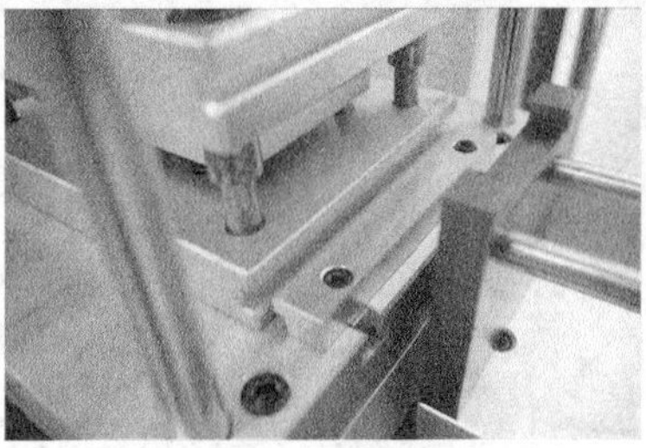	
4	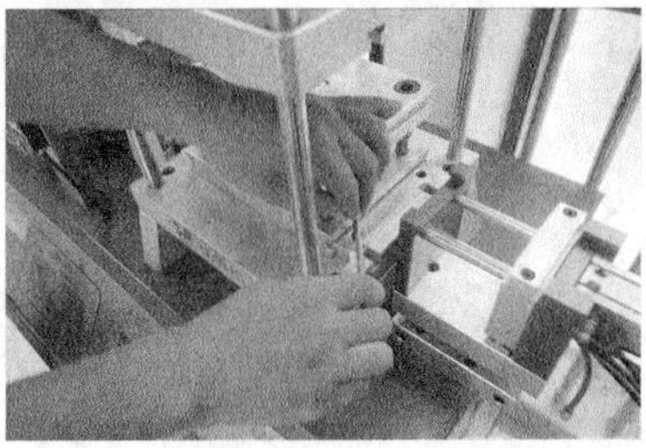	
5	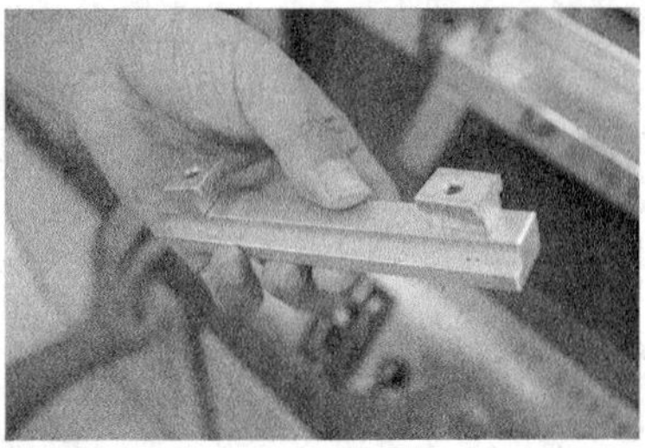	

续表

序号	QQ级进模安装与调试(图示)	过程描述
6		
7	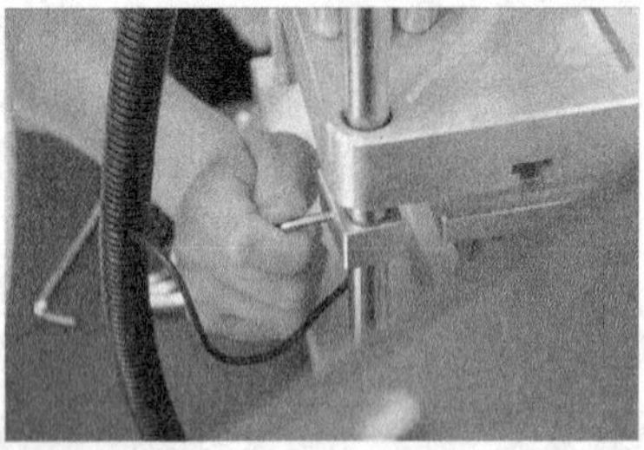	
8	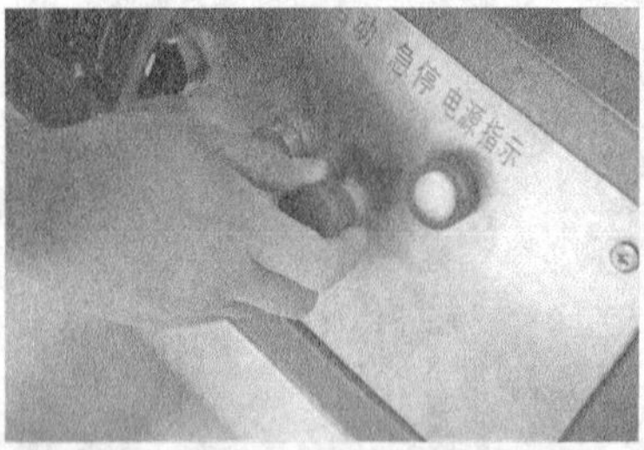	
9		
10	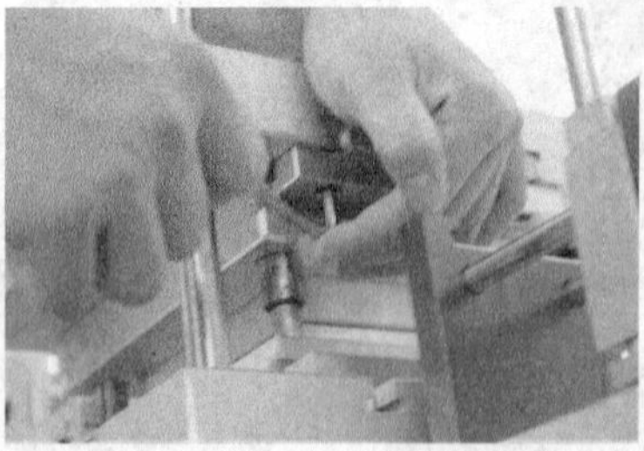	

续表

序号	QQ 级进模安装与调试(图示)	过程描述
11		
12		

QQ 级进模安装与调试过程如下，按正确顺序对表 5-7 填空。

A. 把 QQ 级进模固定在微型冲压机上。

B. 把产品材料固定在微型冲压机进行产品试切。

C. 打开安全按钮，对模具进行调整。

D. 把 QQ 级进模固定在微型冲压机上。

E. 安装 QQ 级进模。

F. 利用微型冲压机生产出产品。

G. 利用扳手调整微型冲压机。

H. 调整 QQ 级进模的上下距离。

I. 微调微型冲压机的接触器，调整模具配合间隙。

J. 把 QQ 级进模微型冲压机放正。

K. 先把微型冲压机打到安全状态。

L. 把 QQ 级进模放入微型冲压机里面。

五、机床维护与保养

（1）故障以及排除见表 5-8。

表 5-8　机床故障及排除

故障现象	故障部位	故障原因	排除故障
机床运转不稳定，有明显冲击现象	离合器	制动器松动	调整制动器的松紧度
机床工作中脚踏开关失灵	电机电器部分	电机、电器、线路等有故障	请专业电工检查修理
无法正常通电	电源线	电源线断线	更换电线
	漏电保护开关	漏电保护开关未开	将漏电开关复位

（2）禁止机床超出其使用范围。

(3) 模具安装必须准确，锁模压力调整合理。

(4) 经常检查机床各部分工作是否正常，所有连接件和紧固件是否松动。如有松动及时加以紧固，如发现有机件磨损，必须及时更换。

(5) 机床以及电气装置必须经常保持清洁，干燥，无漏电、漏水现象。定期进行全面检查维修。

任务二　工作总结与综合评价

(1) 能结合自身任务完成情况，正确规范撰写工作总结（心得体会）

(2) 能按分组情况，分别派代表展示工作成果，说明拆装情况，并作出分析总结

(3) 能就本次任务中出现的问题，提出改进措施

(4) 能对学习与工作进行反思总结，并能与他人开展良好合作，进行有效的沟通

 2学时

学习过程

一、能结合自身任务完成情况，正确规范撰写工作总结（心得体会）。

工作总结（心得体会）

二、个人评价

在小组内每个人先对完成情况进行评价总结，再由小组推荐代表向全班作小组总结。评价完成后，根据其他组成员对本组的评价意见进行归纳总结，完成自我评总结的撰写。

安装与调试结果展示

根据上面检测所得分数，填写表5-9（此表的成绩占总成绩的30%）。

表5-9　安装与调试合格率汇总表

单位名称		模具类型	模具名称	日期
序号	小组名称	正确安装与调试数量	不正确安装与调试数量	安装与调试合格率

注：表中所算得出产品合格率即为小组成员的成绩，如，某一小组的产品合格率为80%，则该组成绩为80分。

三、小组互评（表5-10）

表5-10　小组互评表（占总成绩20%）

被评小组名称：		
被评小组成员：		
序号	评价项目	评价（1～10）
1	团队合作意识，注重沟通	
2	能自主学习及相互协作，尊重他人	
3	学习态度积极主动，能参加安排的活动	
4	服从教师的教学安排，遵守学习场所管理规定，遵守纪律	
5	能正确地领会他人提出的学习问题	
6	遵守学习场所的规章制度	
7	工作岗位的责任心	
8	学习过程全勤	
9	学习主动	
10	能正确对待肯定和否定的意见	
11	团队学习中主动与合作的情况如何	
合计		

参与评价的同学签名：________________　　　　________年________月____日

表格填写说明：

（1）表5-10由其他小组进行评价填写，自己小组的成员不参与自己小组的评价；

（2）每一项的填写都要经过小组大部分人员的认可方可下定分数；

（3）填写过程必须客观公正地对待。

四、教师评价（占总成绩50%）

请在教师引导下根据表现由小组进行评价，再由指导教师给出考核结果（表5-11）。

表5-11　考核结果表（教师填写）

单位名称		班级学号		姓名		成绩	
		模具类型		零件名称			
序号	评价项目	考核内容				所占比率/%	得分
1	工作服和防护穿戴	按工作服和防护穿戴情况考核				10	
2	选用安装与调试工具情况	按选用安装与调试工具情况考核				15	
3	操作熟练度	按操作情况考核				20	
4	安装与调试过程情况	按工序卡片填写情况考核				20	
5	安装与调试正确率	按模具安装与调试正确率考核				20	
6	安全文明生产	按要求着装 操作规范，不损坏设备				10	
7	团队协作	能与小组成员和谐相处，互相学习，互相帮助，不一意孤行				5	
合计						100	

教师签名：______________　　　　________年________月______日

学习任务六　拉伸模的拆卸与装配

学习目标

（1）能解读模具拆装的操作规程。

（2）能列举常见的模具种类，辨认出拉伸模结构部件名称。

（3）会使用拆卸工量具。

（4）能拆卸冲裁模。

（5）能把模具装配复原。

（6）能主动获取有效信息，拥有踏实严谨、精益求精的学习态度以及敬业爱岗、团结协作的工作作风。

（7）能按车间现场管理规定和要求，整理现场，并填写保养记录。

（8）能主动获取有效信息，展示工作成果，对学习与工作进行总结反思，能与他人合作，进行有效沟通。

（9）能对设备（模具教具）进行日常维护保养。

建议学时　24 学时

工作情景描述

某企业要修配一套拉伸模，生产任务下达到总装车间。你作为车间装配员工，请按要求拆卸，在固定板上装配好凸模（凹模），控制好凸、凹模间隙，并完成螺钉及销钉的装配，调试完成后交付生产车间使用。

工作流程与活动

1. 学习活动一　拉伸模结构认知　（4 学时）
2. 学习活动二　拉伸模的拆卸　（10 学时）
3. 学习活动三　拉伸模的装配　（8 学时）
4. 学习活动四　工作总结与综合评价　（2 学时）

学习活动一　拉伸模结构认知

学习目标

（1）能认识复合模的种类，辨认出拉伸模。

（2）能说出拉伸模结构部件名称。

（3）能按车间现场管理规定和要求，整理现场，并填写保养记录。

建议学时　4 学时

学习过程

1. 复合模

根据落料凹模在模具中的安装位置，复合模可分为正装式和倒装式两种。落料凹模在下模布置的，称为正装式复合模。落料凹模在上模布置的，称为倒装式复合模。

2. 拉伸模结构认知

通过学习后，我们了解到拉伸模是属于金属模具中的复合模。在模具拆装之前，需要先认识拉伸模结构，清楚每个部件的名称与作用。

通过观看教学视频，认知拉伸模零件，并完成表 6-1。

表 6-1　拉伸模零件

序号	实物图	名称	材料	作用用途	备注
1					上端装有模柄
2					
3					
4					侧面开设码模槽

续表

序号	实物图	名称	材料	作用用途	备注
5					一般都采用组合式，方便更换
6	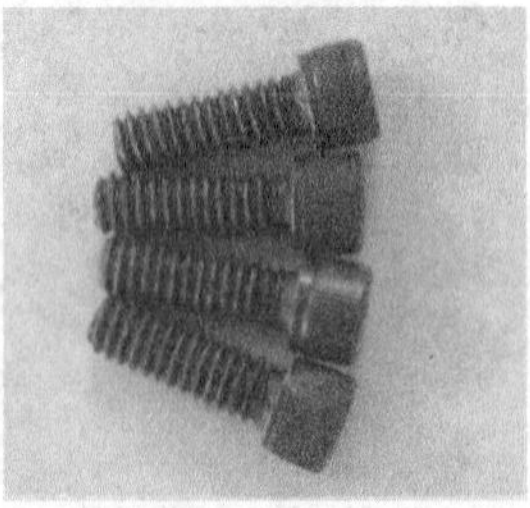				
7	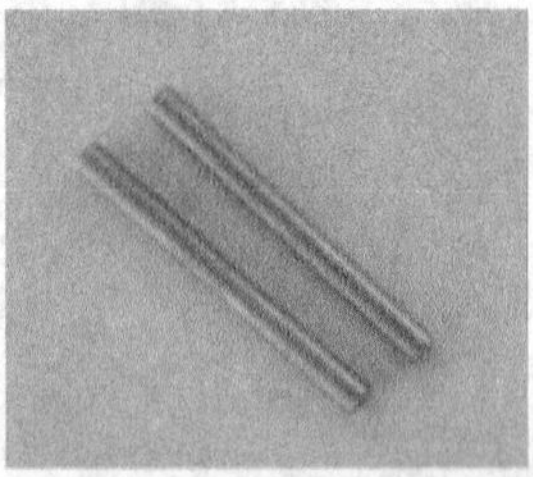				对于有装配精度的，一般先安装定位销，然后再安装螺钉
8					
9	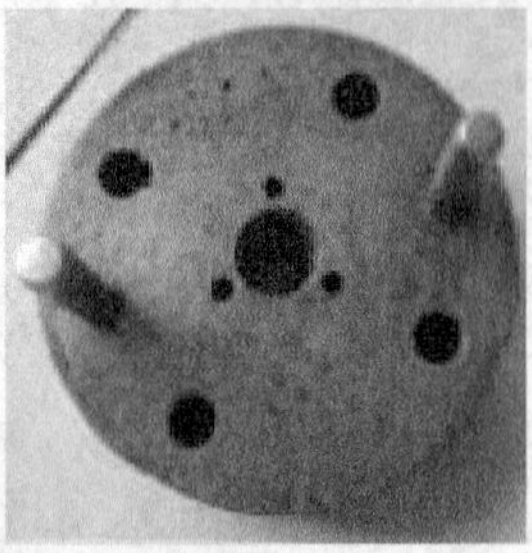				

续表

序号	实物图	名称	材料	作用用途	备注
10	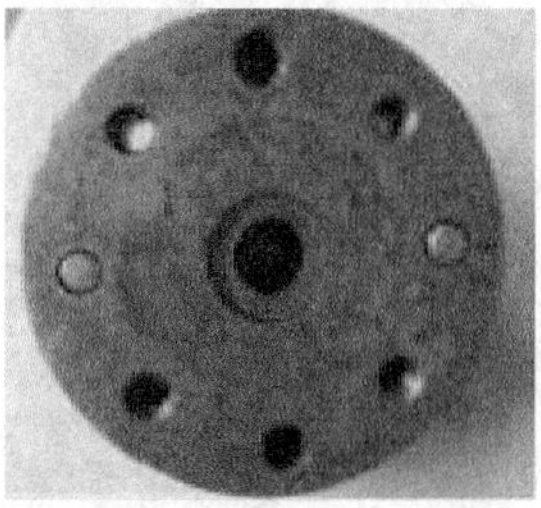				一般都采用组合式,方便更换
11					冲压时,需承受较大冲压力,应满足其强度和刚度要求
12					冲压时,需承受较大冲压力,应满足其强度和刚度要求
13	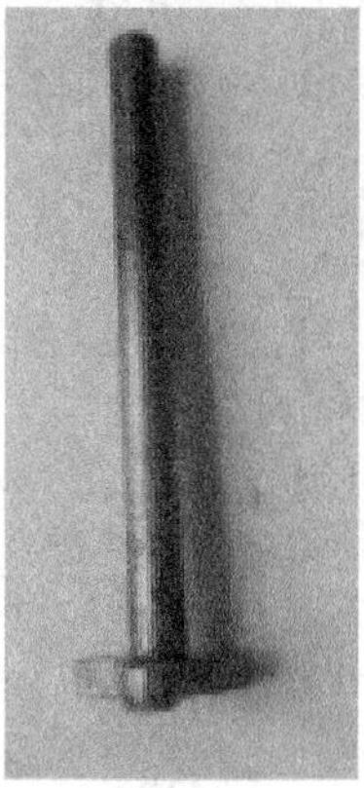				

根据表 6-1 拉伸模零件的分类，找出相应的模具并作记录，经老师确认后在相应栏目打“√”。

凹模固定螺钉（　　）凹模垫板（　　）定位销（　　）弹簧（　　）卸料板（　　）
下模座（　　）　　下模座（　　）导柱（　　）凹模固定板（　　）

学习活动二　拉伸模的拆卸

学习目标

（1）能利用正确选用的拆卸工具。

（2）能正确进行拆卸简单拉伸模。

（3）能说出拉伸模的拆卸工艺过程。

（4）在老师的指导下完成拉伸模的拆卸。

（5）能主动获取有效信息，拥有踏实严谨、精益求精的学习态度以及敬业爱岗、团结协作的工作作风。

建议学时　10 学时

学习过程

一、拉伸模拆卸过程

（1）配合观看拉伸模拆卸视频，注意各零部件装配关系

（2）观看拉伸模工作过程视频，注意拉伸模的工作状态，然后完成表 6-2。

表 6-2　拉伸模拆卸过程

序号	实物图	使用工具	过程描述
1			
2	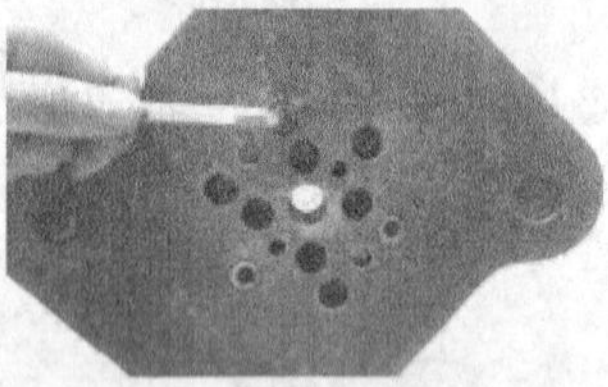		
3			

续表

序号	实物图	使用工具	过程描述
4			
5	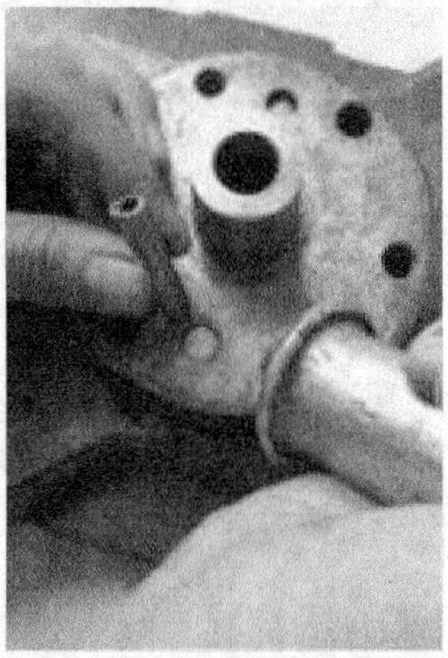		
6			
7	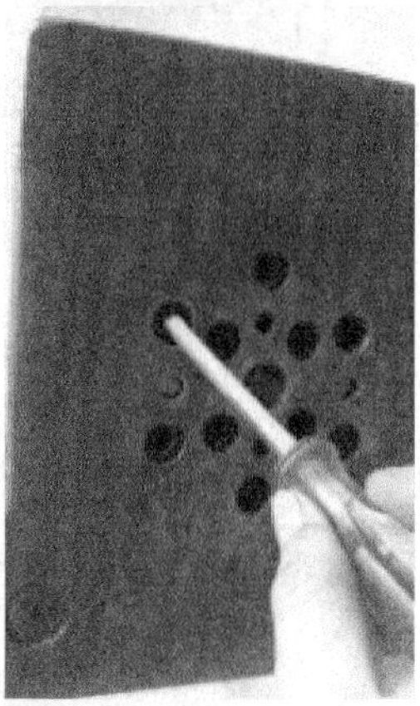		

续表

序号	实物图	使用工具	过程描述
8	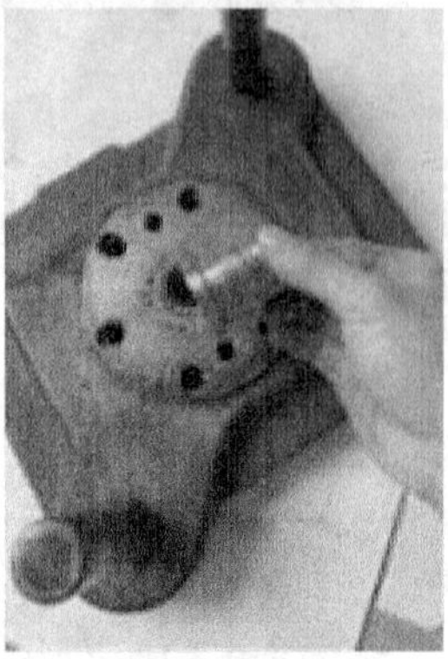		
9			
10			
11	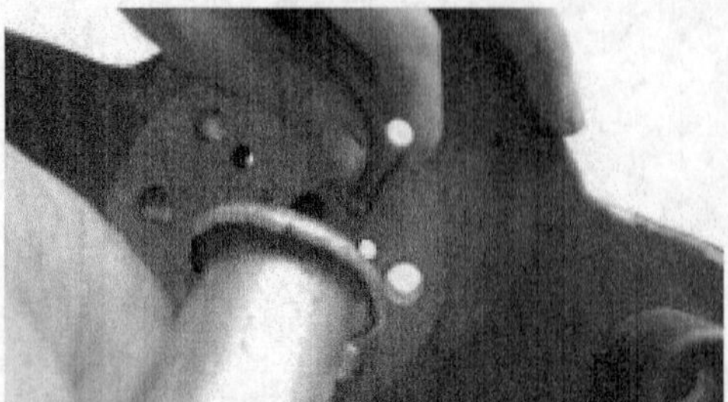		

续表

序号	实物图	使用工具	过程描述
12	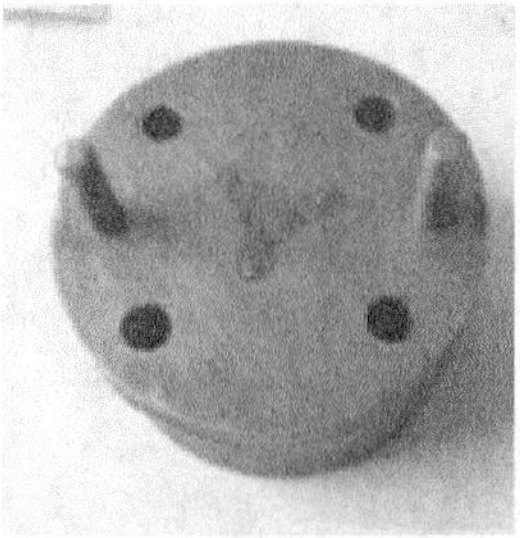		
13	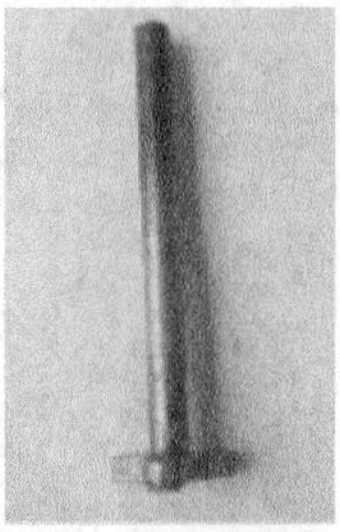		
14			
15			
16			

续表

序号	实物图	使用工具	过程描述
17			
18			
19			

二、拓展练习

请同学们通过以上学习，然后分组进行对拉伸模拆卸，再说一说拉伸模的拆卸过程。

学习活动三　拉伸模的装配

学习目标

(1) 能知道凸凹模的固定方法。

(2) 能控制凸凹模的间隙、装配模架。

(3) 会螺钉及销钉的装配方法。

(4) 能说出单工序拉伸模的装配工艺过程。

(5) 在老师的指导下完成拉伸模的装配。

建议学时　8 学时

学习过程

一、模具拆装时的注意事项

在模具装配之前，需要先认识模具装配相关知识——装配模具常用工具、模具结构图、模具标准件。请认真阅读学习任务二中小技巧内容，再认真完成拉伸模装配过程表。

二、拉伸模装配过程

（1）配合观看拉伸模装配视频，注意各零部件装配关系。

（2）观看拉伸模工作过程视频，注意拉伸模的工作状态，然后完成表 6-3。

表 6-3　拉伸模装配过程

序号	实物图	使用工具	说明
1			
2			
3	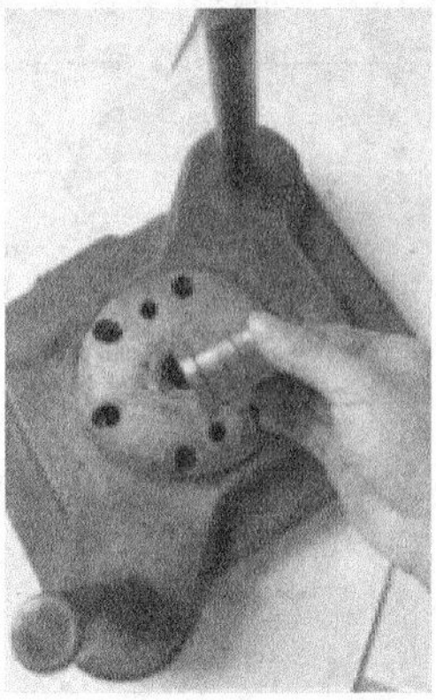		

续表

序号	实物图	使用工具	说明
4			
5	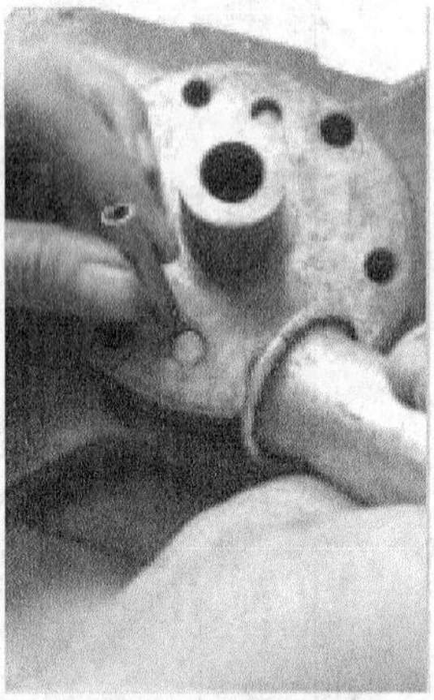		
6	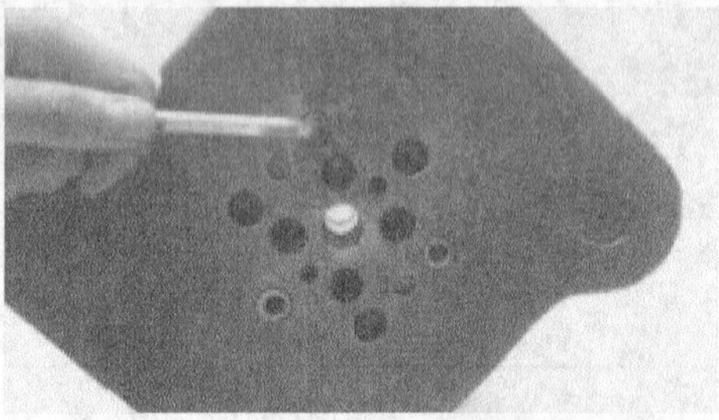		
7			

续表

序号	实物图	使用工具	说明
8	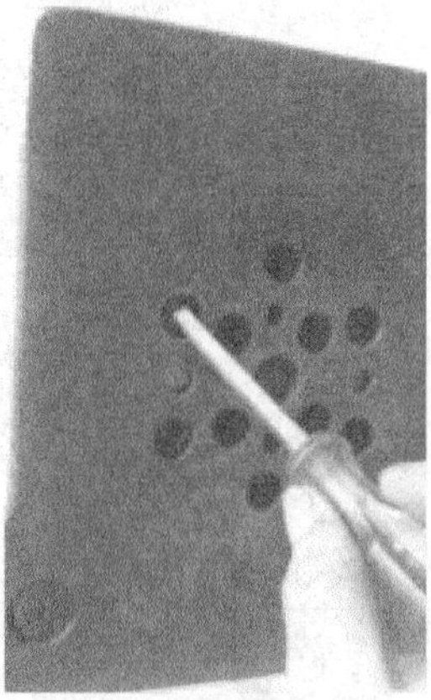		
9	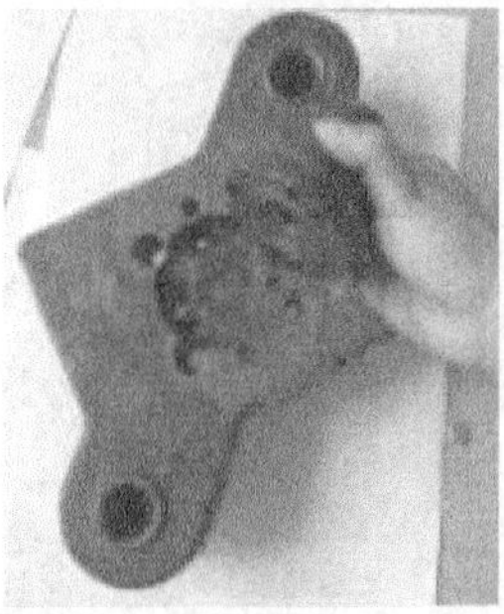		
10			
11	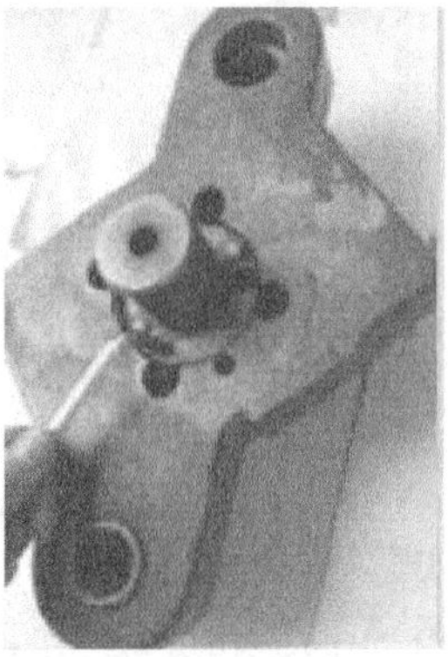		

续表

序号	实物图	使用工具	说明
12	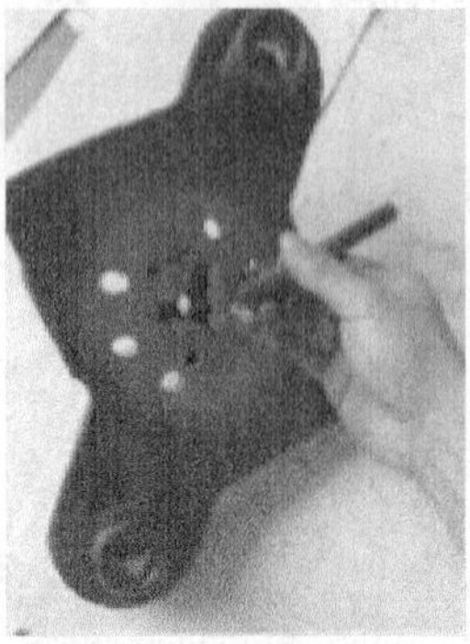		
13			
14			
15	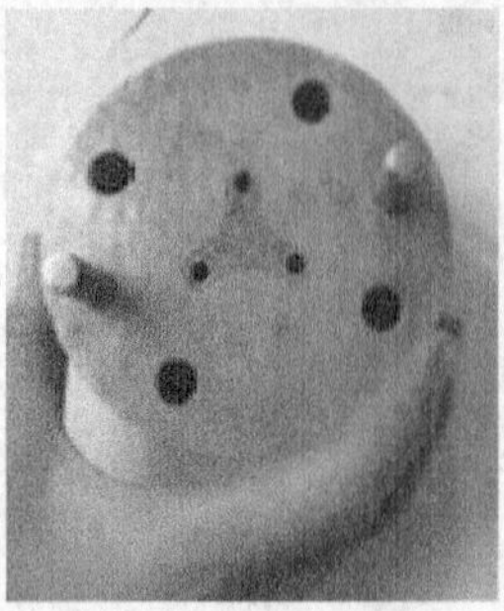		

续表

序号	实物图	使用工具	说明
16	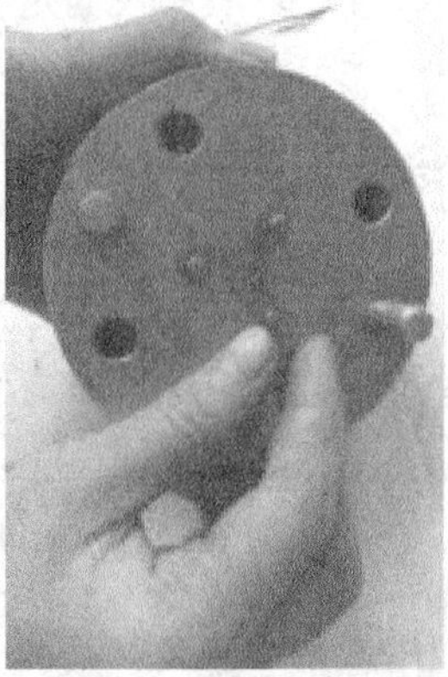		
17			
18	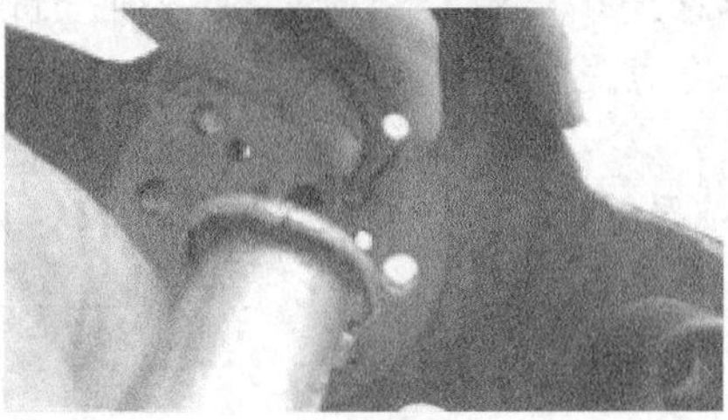		
19	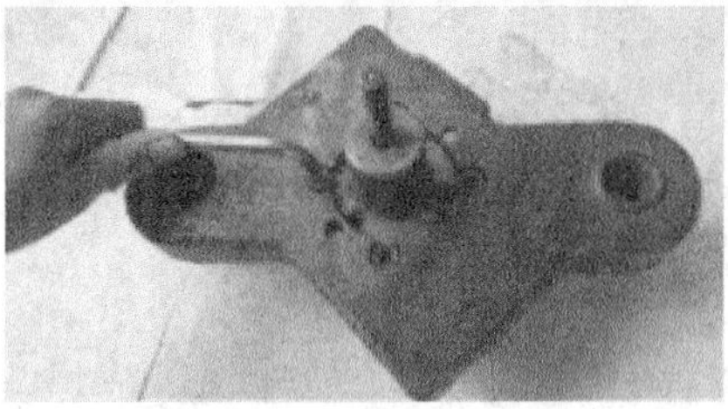		
20			

三、拓展练习

按照正确顺序排列拉伸模装配过程。

（1）装配导柱　（2）装配模柄　（3）装配卸料板　（4）装配凹模固定板
（5）装配凹模　（6）装配凸模　（7）装销钉　（8）调整间隙
（9）打刻编号　（10）装配导柱　（11）总装配

正确顺序是：

学习活动四　工作总结与综合评价

学习目标

（1）能结合自身任务完成情况，正确规范撰写工作总结（心得体会）
（2）能按分组情况，分别派代表展示工作成果，说明拆装情况，并作出分析总结
（3）能就本次任务中出现的问题，提出改进措施
（4）能对学习与工作进行反思总结，并能与他人开展良好合作，进行有效的沟通

2 学时

学习过程

一、个人评价

在小组内每个人先对完成情况进行评价总结，再由小组推荐代表向全班作小组总结。评价完成后，根据其他组成员对本组的评价意见进行归纳总结，完成自我评价总结的撰写。

拆装结果展示

根据上面检测所得分数，填写表 6-4（此表的成绩占总成绩的 30％）。

表 6-4　拆装合格率汇总表

单位名称		模具类型	模具名称	日期
序号	小组名称	正确拆装数量	不正确拆装数量	产品合格率

注：表中所算得出产品合格率即为小组成员的成绩，如，某一小组的产品合格率为80%，则该组成绩为80分。

二、小组互评（表6-5）

表6-5　小组互评表（占总成绩20%）

被评小组名称：		
被评小组成员：		
序号	评价项目	评价(1～10)
1	团队合作意识，注重沟通	
2	能自主学习及相互协作，尊重他人	
3	学习态度积极主动，能参加安排的活动	
4	服从教师的教学安排，遵守学习场所管理规定，遵守纪律	
5	能正确地领会他人提出的学习问题	
6	遵守学习场所的规章制度	
7	工作岗位的责任心	
8	学习过程全勤	
9	学习主动	
10	能正确对待肯定和否定的意见	
11	团队学习中主动与合作的情况如何	
合计		

参与评价的同学签名：＿＿＿＿＿＿＿＿　　＿＿＿＿年＿＿＿＿月＿＿＿日

表格填写说明：

（1）表6-5由其他小组进行评价填写，自己小组的成员不参与自己小组的评价；

（2）每一项的填写都要经过小组大部分人员的认可方可下定分数；

（3）填写过程必须客观公正地对待。

三、教师评价（占总成绩50%）

请在教师引导下根据表现由小组进行评价，再由指导教师给出考核结果（表6-6）。

表6-6　考核结果表（教师填写）

<table>
<tr><td rowspan="2">单位名称</td><td rowspan="2"></td><td>班级学号</td><td></td><td>姓名</td><td></td><td colspan="2">成绩</td></tr>
<tr><td>模具类型</td><td></td><td>零件名称</td><td colspan="3"></td></tr>
<tr><td>序号</td><td>评价项目</td><td colspan="4">考核内容</td><td>所占比率/%</td><td>得分</td></tr>
<tr><td>1</td><td>工作服和防护穿戴</td><td colspan="4">按工作服和防护穿戴情况考核</td><td>10</td><td></td></tr>
<tr><td>2</td><td>选用拆装工具情况</td><td colspan="4">按选用拆装工具情况考核</td><td>15</td><td></td></tr>
<tr><td>3</td><td>操作熟练度</td><td colspan="4">按操作情况考核</td><td>20</td><td></td></tr>
<tr><td>4</td><td>拆装过程情况</td><td colspan="4">按工序卡片填写情况考核</td><td>20</td><td></td></tr>
<tr><td>5</td><td>拆装正确率</td><td colspan="4">按模具拆装正确率考核</td><td>20</td><td></td></tr>
<tr><td rowspan="2">6</td><td rowspan="2">安全文明生产</td><td colspan="4">按要求着装</td><td rowspan="2">10</td><td rowspan="2"></td></tr>
<tr><td colspan="4">操作规范，不损坏设备</td></tr>
<tr><td>7</td><td>团队协作</td><td colspan="4">能与小组成员和谐相处，互相学习，互相帮助，不一意孤行。</td><td>5</td><td></td></tr>
<tr><td colspan="6">合计</td><td>100</td><td></td></tr>
</table>

教师签名：＿＿＿＿＿＿＿　　＿＿＿＿年＿＿＿＿月＿＿＿日

学习任务七　复合模的拆卸与装配

学习目标

（1）能解读模具拆装的操作规程。

（2）能列举常见的模具种类，辨认出复合模结构部件名称。

（3）会使用拆卸工量具。

（4）能拆卸冲裁模。

（5）能把模具装配复原。

（6）能主动获取有效信息，拥有踏实严谨、精益求精的学习态度以及敬业爱岗、团结协作的工作作风。

（7）能按车间现场管理规定和要求，整理现场，并填写保养记录。

（8）能主动获取有效信息，展示工作成果，对学习与工作进行总结反思，能与他人合作，进行有效沟通。

（9）能对设备（模具教具）进行日常维护保养。

建议学时　24 学时

工作情景描述

某企业要修配一套复合模，生产任务下达到总装车间。你作为车间装配员工，请按要求拆卸，在固定板上装配好凸模（凹模），控制好凸、凹模间隙，并完成螺钉及销钉的装配，调试完成后交付生产车间使用。

工作流程与活动

1. 学习活动一　复合模结构认知　（4 学时）
2. 学习活动二　复合模的拆卸　（10 学时）
3. 学习活动三　复合模的装配　（8 学时）
4. 学习活动四　工作总结与综合评价　（2 学时）

学习活动一　复合模结构认知

学习目标

（1）能认识复合模的种类，辨认出复合模。

（2）能说出复合模结构部件名称。

（3）能按车间现场管理规定和要求，整理现场，并填写保养记录。

建议学时　4 学时

学习过程

1. 模具工作原理

该模具为常见的四导柱结构。上模部分有六只楔形冲头，冲头的一面为利角，用于冲断料带。另一面为圆角则用于成型产品外围的翻边。模具内部装有三只圆弧形冲针，可将料带拉伸出凸台从而成型。整个工作流程一步完成并由卸料板将产品顶出。

2. 复合模结构认知

通过学习后，我们了解到复合模是属于金属模具中的复合模。在模具拆装之前，需要先认识复合模结构，清楚每个部件的名称与作用。

通过观看教学视频，认知复合模零件，并完成表 7-1。

表 7-1 复合模零件

序号	实物图	名称	材料	作用用途	备注
1					上端装有模柄
2					
3					
4					侧面开设码模槽

续表

序号	实物图	名称	材料	作用用途	备注
5					一般都采用组合式,方便更换
6					
7					对于有装配精度的,一般先安装定位销,然后再安装螺钉
8					
9					

续表

序号	实物图	名称	材料	作用用途	备注
10					
11					
12					冲压时，两者需承受较大冲压力，应满足其强度和钢度要求

根据表7-1复合模零件的分类，找出相应的模具并作记录，经老师确认后在相应栏目打“√”。

凹模固定螺钉（　　）限位拉杆（　　）定位销（　　）　弹簧（　　）卸料板（　　）
下模座（　　）　　　下模座（　　）导柱（　　）　凹模固定板（　　）

学习活动二　复合模的拆卸

学习目标

(1) 能利用正确选用的拆卸工具。
(2) 能正确进行拆卸复合模。
(3) 能说出复合模的拆卸工艺过程。
(4) 在老师的指导下完成复合模的拆卸。

(5) 能主动获取有效信息，拥有踏实严谨、精益求精的学习态度以及敬业爱岗、团结协作的工作作风。

建议学时 10学时

学习过程

一、复合模拆卸过程

(1) 配合观看复合模拆卸视频，注意各零部件装配关系。

(2) 观看复合模工作过程视频，注意复合模的工作状态，然后完成表7-2。

表7-2 复合模拆卸过程

序号	实物图	使用工具	过程描述
1			
2			
3			

续表

序号	实物图	使用工具	过程描述
4			
5	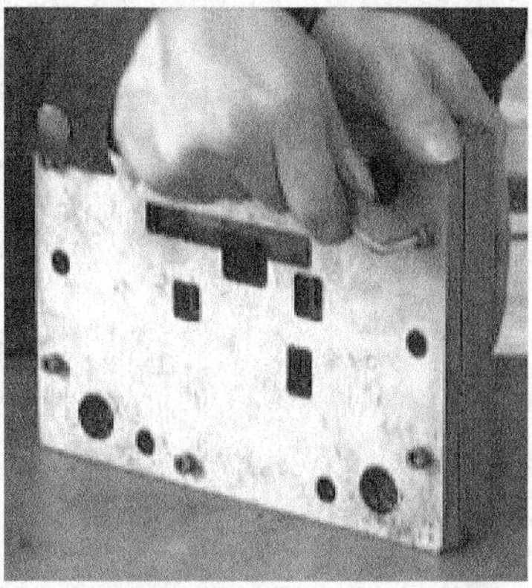		
6			
7	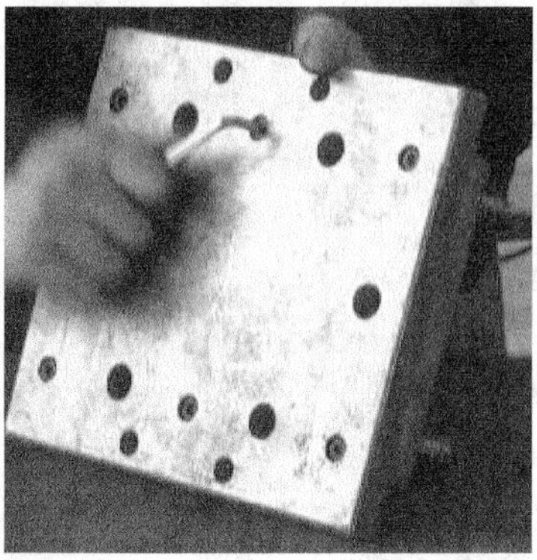		

续表

序号	实物图	使用工具	过程描述
8			
9	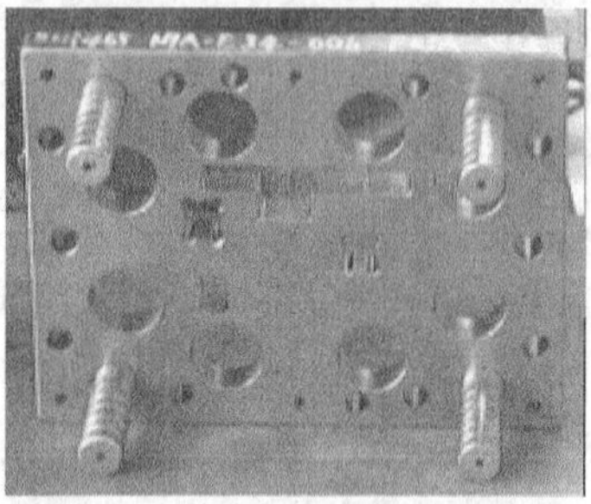		
10	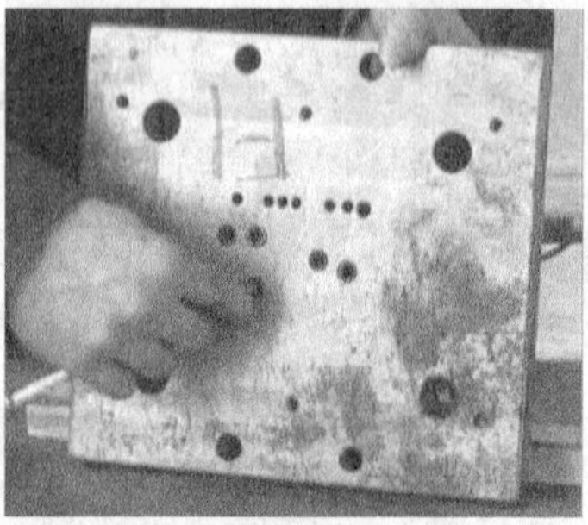		
11	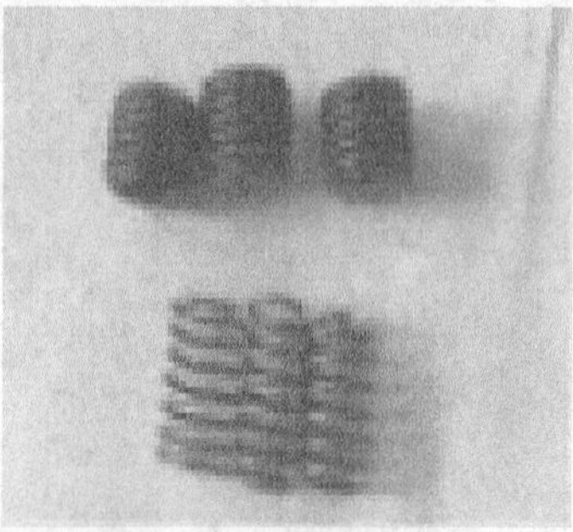		
12			
13			

续表

序号	实物图	使用工具	过程描述
14	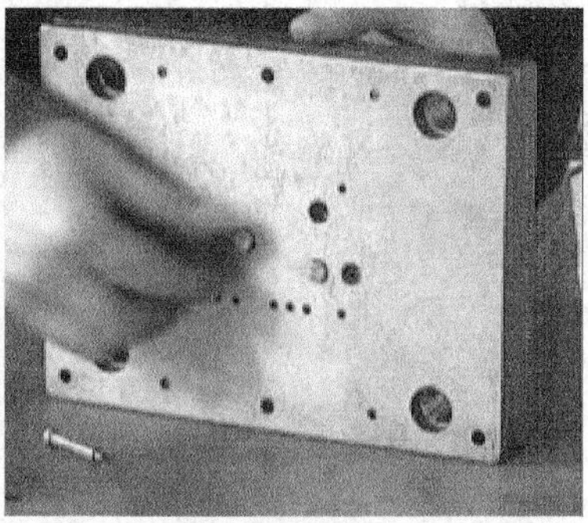		
15	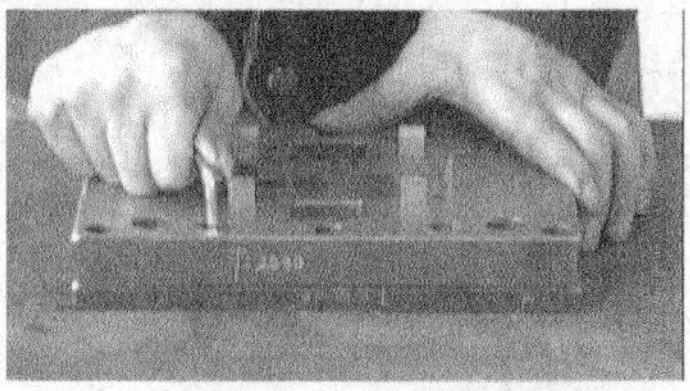		
16			
17	 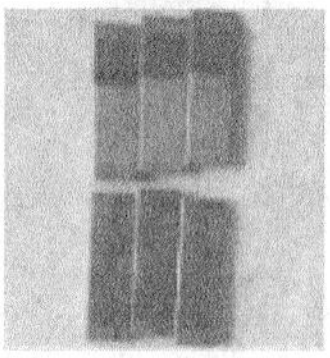 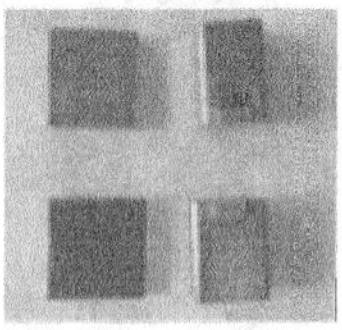		
18	 		

二、拓展练习

请同学们通过以上学习，然后分组进行对复合模的拆卸，再说一说复合模的拆卸过程。

学习活动三　复合模的装配

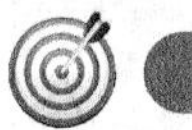

学习目标

（1）能知道凸凹模的固定方法。

（2）能控制凸凹模的间隙、装配模架。

（3）会螺钉及销钉的装配方法。

（4）能说出单工序复合模的装配工艺过程。

（5）在老师的指导下完成复合模的装配。

建议学时　8 学时

学习过程

一、模具拆装时的注意事项

在模具装配之前，需要先认识模具装配相关知识——装配模具常用工具、模具结构图、模具标准件。请认真阅读学习任务二小技巧内容，再认真完成复合模装配过程表。

二、复合模装配过程

（1）配合观看复合模装配视频，注意各零部件装配关系。

（2）观看复合模工作过程视频，注意复合模的工作状态，然后完成表 7-3。

表 7-3　复合模装配过程

序号	实物图	使用工具	过程描述
1	 		
2			
3			

续表

序号	实物图	使用工具	过程描述
4			
5			
6	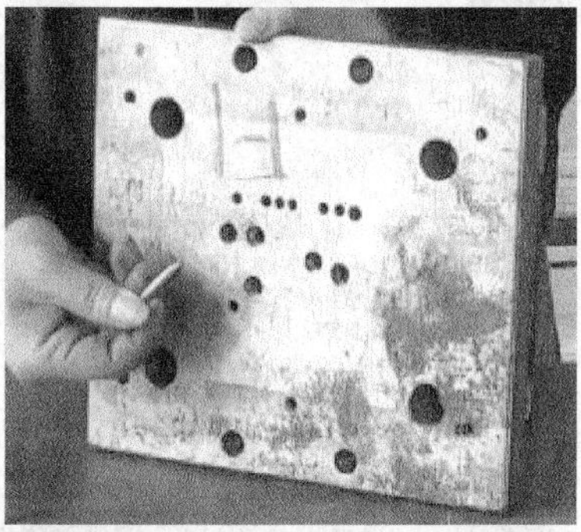		
7	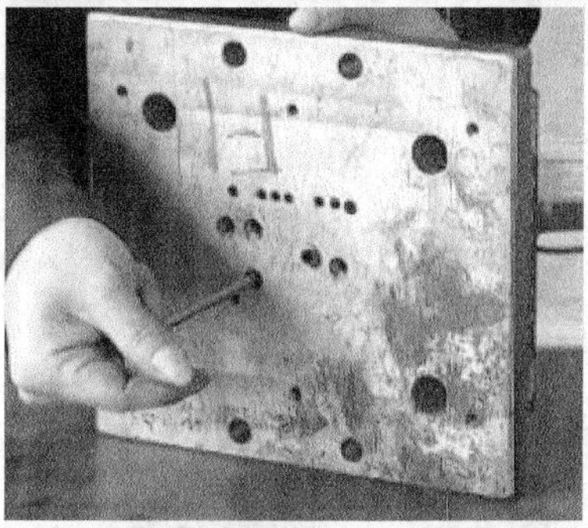		
8			
9	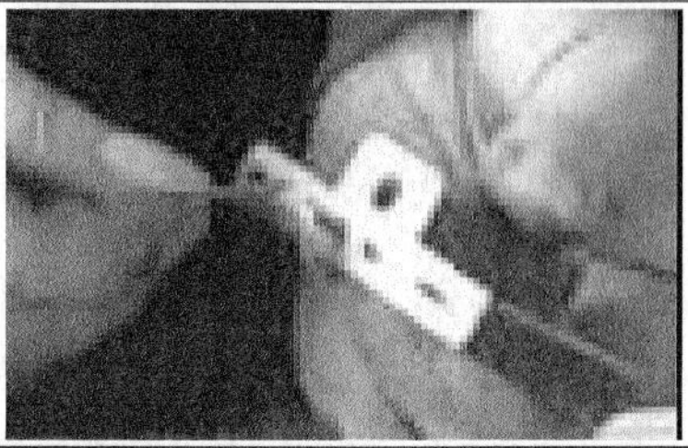		

续表

序号	实物图	使用工具	过程描述
10			
11	 		
12			
13	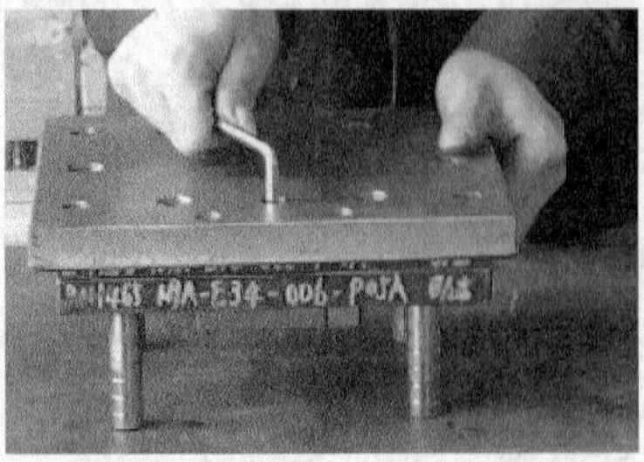		

续表

序号	实物图	使用工具	过程描述
14			
15			
16			
17			

续表

序号	实物图	使用工具	过程描述
18	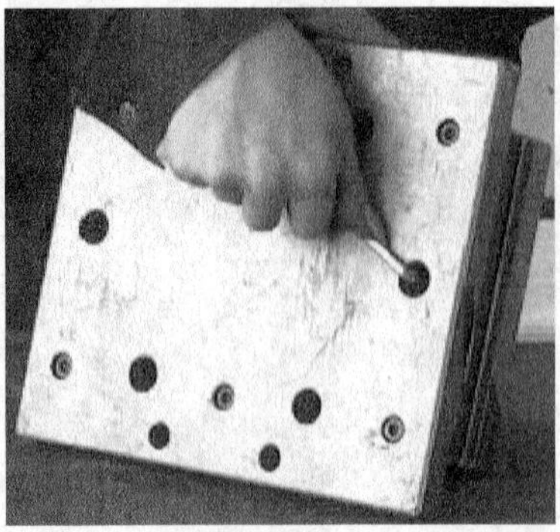		
19			
20	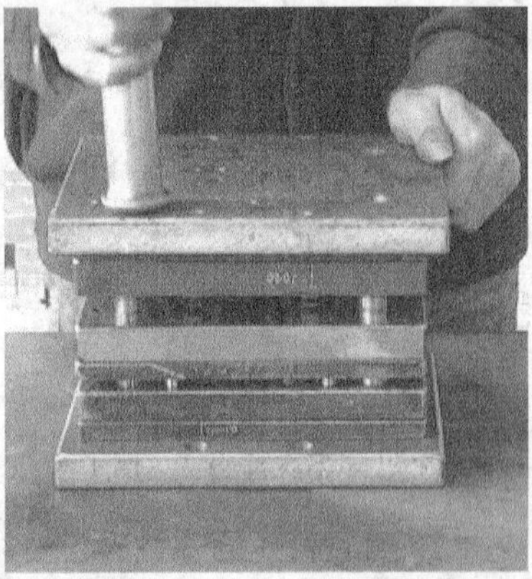		

三、拓展练习

按照正确顺序排列复合模装配过程。

(1) 装配导柱 (2) 装配镶针 (3) 装配卸料板 (4) 装配凹模固定板
(5) 装配凹模 (6) 装配凸模 (7) 装销钉 (8) 调整间隙
(9) 打刻编号 (10) 装配导柱 (11) 总装配

正确顺序是：

学习活动四　工作总结与综合评价

学习目标

(1) 能结合自身任务完成情况，正确规范撰写工作总结（心得体会）。

(2) 能按分组情况，分别派代表展示工作成果，说明拆装情况，并作出分析总结。

（3）能就本次任务中出现的问题，提出改进措施。

（4）能对学习与工作进行反思总结，并能与他人开展良好合作，进行有效的沟通。

建议学时　2学时

学习过程

一、个人评价

在小组内每个人先对完成情况进行评价总结，再由小组推荐代表向全班作小组总结。评价完成后，根据其他组成员对本组的评价意见进行归纳总结，完成自我评价总结的撰写。

拆装结果展示

根据上面检测所得分数，填写表7-4（此表的成绩占总成绩的30%）。

表7-4　拆装合格率汇总表

单位名称		模具类型	模具名称	日期
序号	小组名称	正确拆装数量	不正确拆装数量	产品合格率

注：表中所算得出产品合格率即为小组成员的成绩，如，某一小组的产品合格率为80%，则该组成绩为80分。

二、小组互评（表7-5）

表7-5　小组互评表（占总成绩20%）

被评小组名称：		
被评小组成员：		
序号	评价项目	评价(1～10)
1	团队合作意识，注重沟通	
2	能自主学习及相互协作，尊重他人	
3	学习态度积极主动，能参加安排的活动	
4	服从教师的教学安排，遵守学习场所管理规定，遵守纪律	
5	能正确地领会他人提出的学习问题	
6	遵守学习场所的规章制度	
7	工作岗位的责任心	
8	学习过程全勤	
9	学习主动	
10	能正确对待肯定和否定的意见	
11	团队学习中主动与合作的情况如何	
合计		

参与评价的同学签名：______________　______年______月___日

表格填写说明：

（1）表7-5由其他小组进行评价填写，自己小组的成员不参与自己小组的评价；

（2）每一项的填写都要经过小组大部分人员的认可方可下定分数；

(3) 填写过程必须客观公正地对待。

三、教师评价（占总成绩50%）

请在教师引导下根据表现由小组进行评价，再由指导教师给出考核结果（表 7-6）。

表 7-6 考核结果表（教师填写）

单位名称		班级学号		姓名		成绩	
		模具类型		零件名称			

序号	评价项目	考核内容	所占比率/%	得分
1	工作服和防护穿戴	(按工作服和防护穿戴情况考核)	10	
2	选用拆装工具情况	按选用拆装工具情况考核	15	
3	操作熟练度	(按操作情况考核)	20	
4	拆装过程情况	按工序卡片填写情况考核	20	
5	拆装正确率	按模具拆装正确率考核	20	
6	安全文明生产	按要求着装	10	
		操作规范，不损坏设备		
7	团队协作	能与小组成员和谐相处，互相学习，互相帮助，不一意孤行	5	
合计			100	

教师签名：________ 　　　　____年____月____日

学习任务八　复杂三板模的拆卸与装配

学习目标

（1）能说出塑料模具拆装场地和常用设备。

（2）会使用拆卸工具。

（3）能使用合理选用工具。

（4）能拆卸简单注塑模。

（5）能把模具装配复原。

（6）能主动获取有效信息，拥有踏实严谨、精益求精的学习态度以及敬业爱岗、团结协作的工作作风。

（7）能按车间现场管理规定和要求，整理现场，并填写保养记录。

（8）能主动获取有效信息，展示工作成果，对学习与工作进行总结反思，能与他人合作，进行有效沟通。

建议学时　28 学时

工作情景描述

某企业要修配一套三板模，生产任务下达到总装车间。你作为车间装配员工，请按要求拆卸该模具，在固定板上装配好凸、凹模，控制好凸、凹模间隙，并完成螺钉及销钉的装配。调试完成后交付生产车间使用。

工作流程与活动

1. 学习活动一　复杂三板模结构认知　（4 学时）
2. 学习活动二　复杂三板模的拆卸　（12 学时）
3. 学习活动三　复杂三板模的装配　（10 学时）
4. 学习活动四　工作总结与综合评价　（2 学时）

学习活动一　复杂三板模结构认知

学习目标

（1）能认识三板模，辨认出三板模。

（2）能说出三板模结构部件名称。

（3）能按车间现场管理规定和要求，整理现场，并填写保养记录。

建议学时　4 学时

 学习过程

一、三板模具的知识

模具工作原理：该模具为简化三板结构，并使用四对定位块辅助定位。采用一模两腔结构，型芯型腔使用犄角定位进行装配。该模具采用两点进胶，浇口形式为点浇口，前面使用浮动块顶出，后模采用 16 只顶杆顶出，并使用回形水路对成型部分进行冷却。

二、三板模结构认知

通过视频学习后，我们了解到三板模是属于塑料模具，在模具拆装之前，需要先认识三板模结构，清楚每个部件的名称与作用。

三板模结构图见图 8-1。

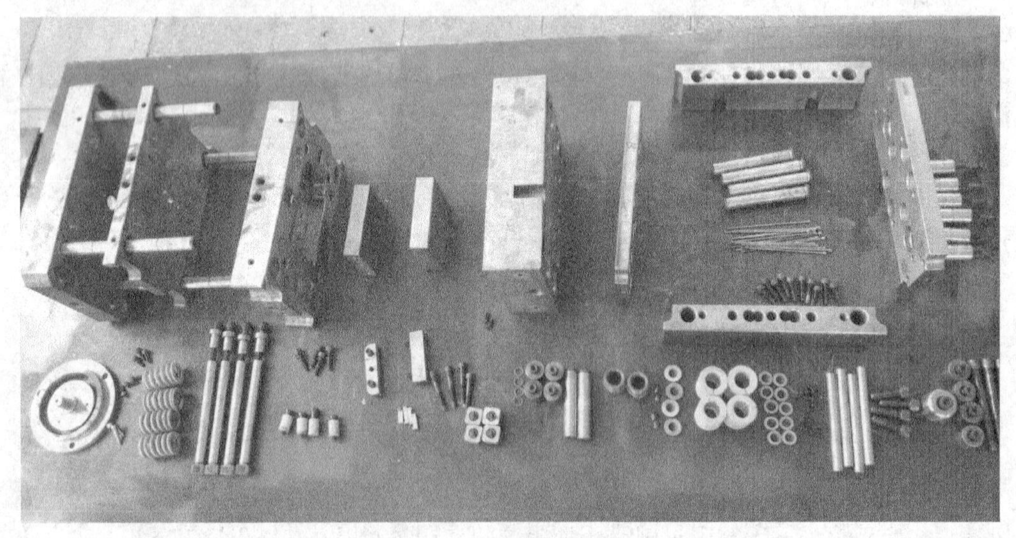

图 8-1　三板模结构图

通过观看教学视频，认知三板模零件（表 8-1）。

表 8-1　三板模模具零件

序号	实物图	名称	材料	作用用途	备注
1		浇口套	45＃钢		
2		定模座板	45＃钢		

续表

序号	实物图	名称	材料	作用用途	备注
3		定模板	45＃钢		
4		脱凝料板	45＃钢		
5		定位块	45＃钢		
6	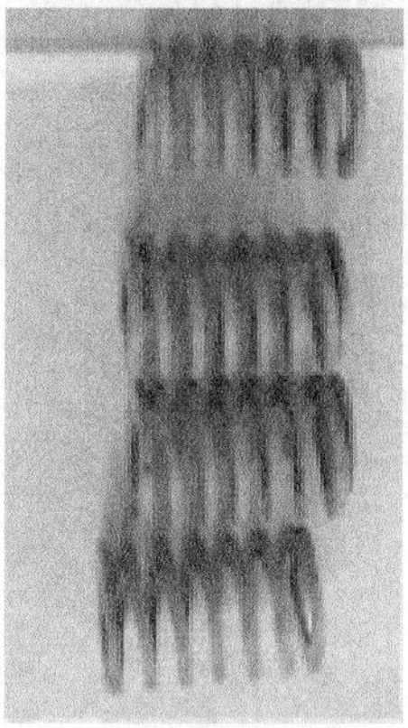	弹簧	弹簧钢		
7	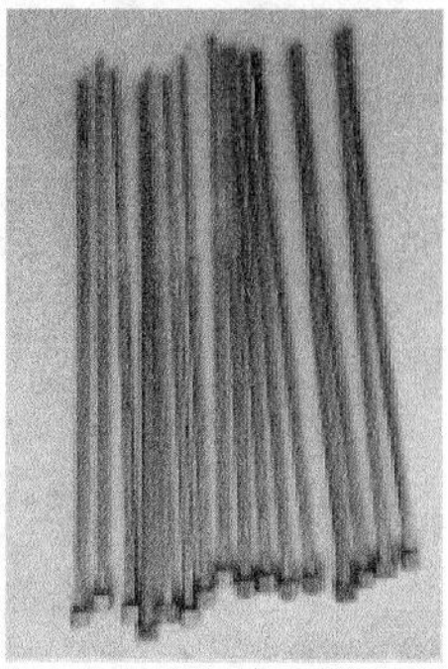	顶杆	SUJ2		

续表

序号	实物图	名称	材料	作用用途	备注
8	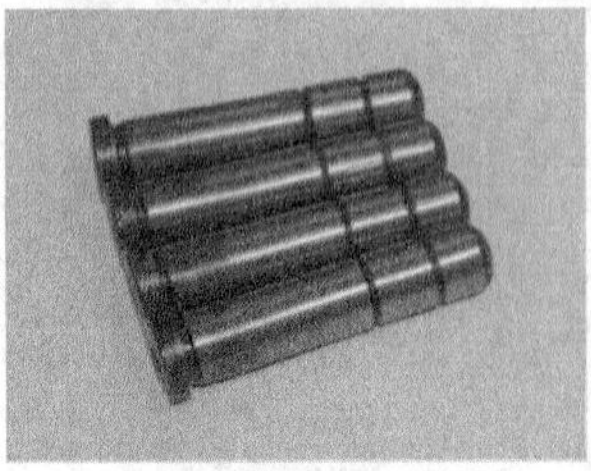	导柱	SUJ2		
9		动模板	45＃钢		
10	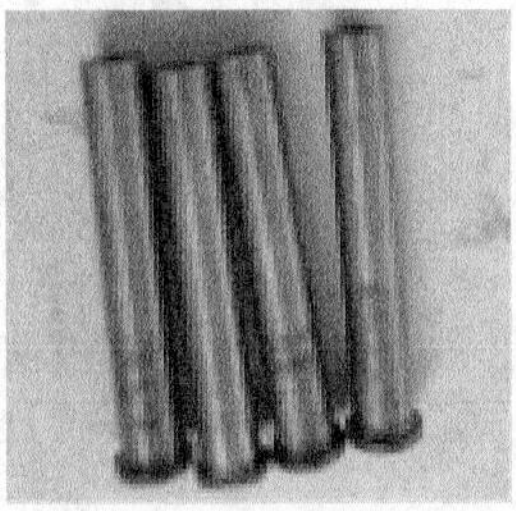	复位杆	SUJ2		
11		复位弹簧	弹簧钢		
12		模脚	45＃钢		

续表

序号	实物图	名称	材料	作用用途	备注
13	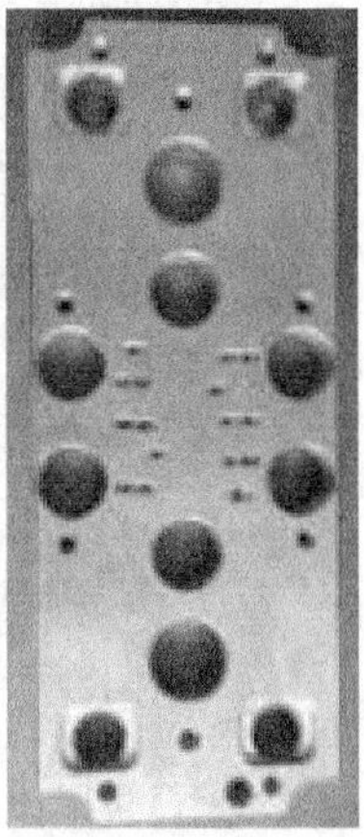	顶杆固定板	45＃钢		
14	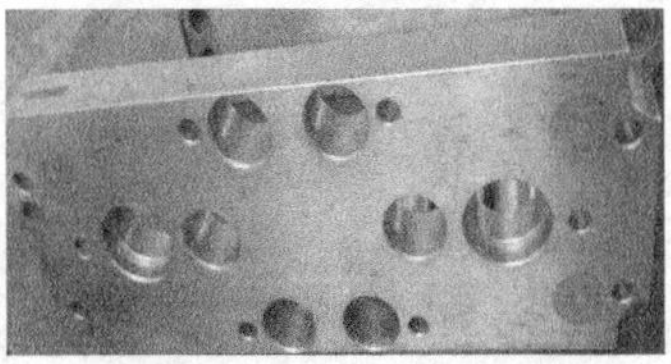	顶杆底板	45＃钢		
15	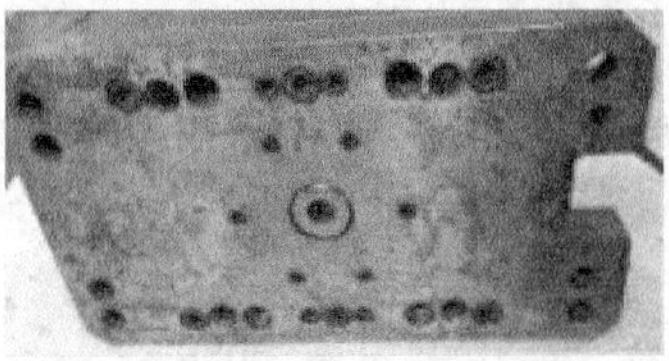	动模座板	45＃钢		
16	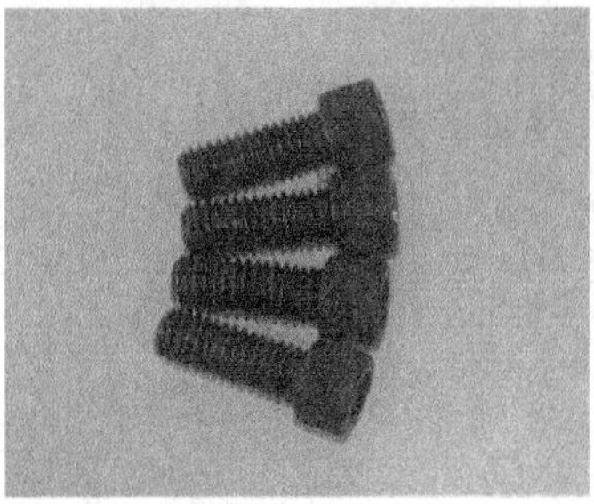	定模座板固定螺钉			
17		动模座板固定螺钉			

续表

序号	实物图	名称	材料	作用用途	备注
18	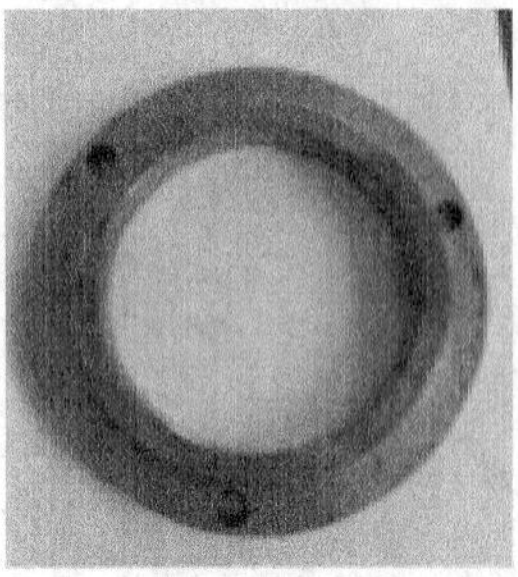	定位圈	45＃钢		
19	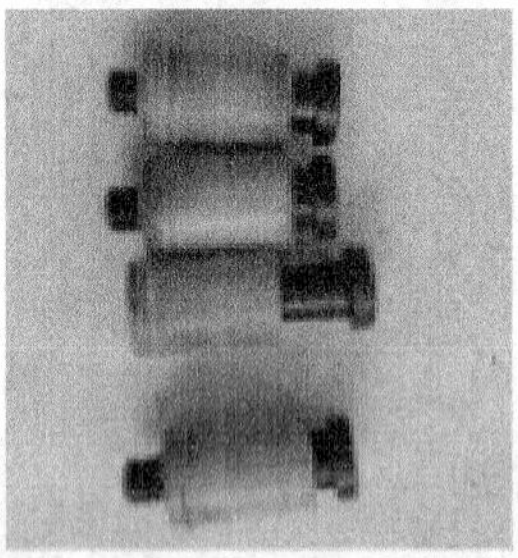	开闭器			
20	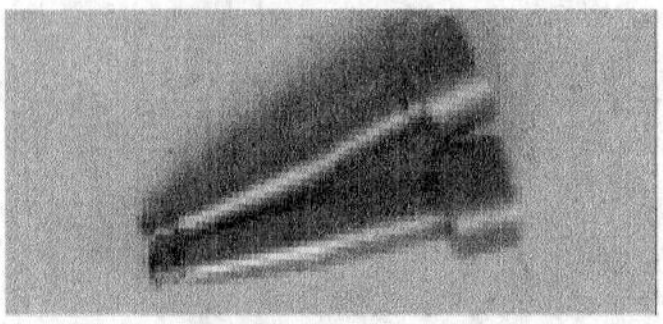	拉料杆	SUJ		
21	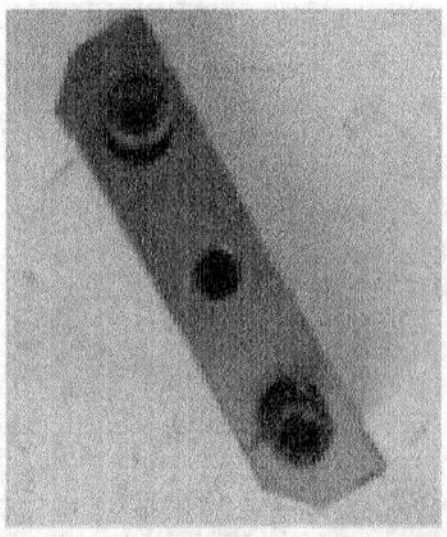	型芯压块	S136H		
22	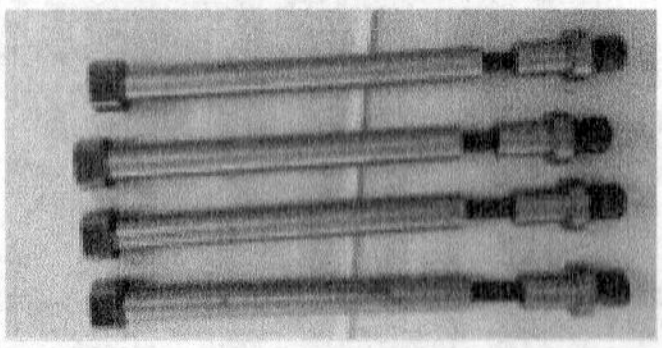	限位杆	45＃钢		
23		型芯镶件	S136H		

续表

序号	实物图	名称	材料	作用用途	备注
24		中托斯导套	45＃钢		
25	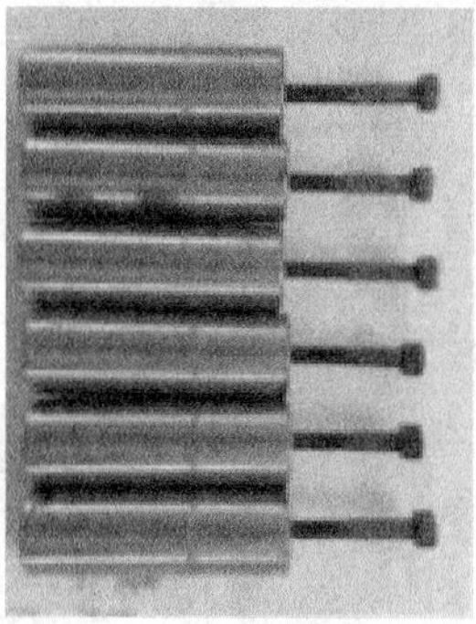	撑柱	45＃钢		
26	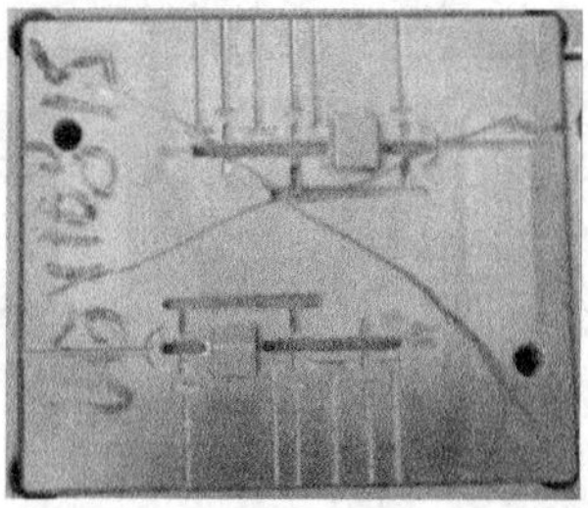	型芯	S136H		
27	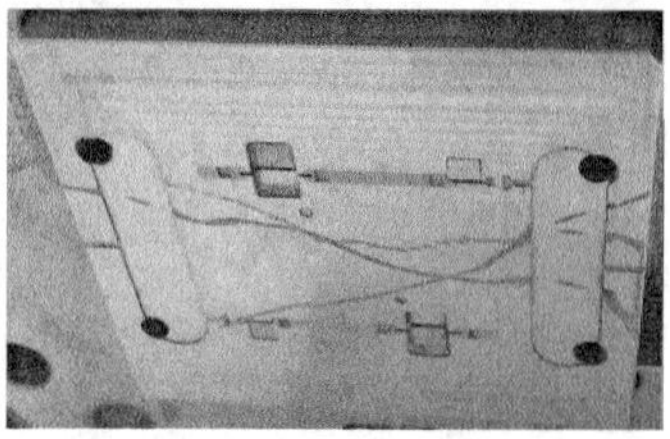	型腔	S136H		

根据三板模各部件分类，找出相应的模具并作记录，经老师确认后在相应栏目打“√”。

动模座板（　）　顶杆底板（　）　限位块（　）　弹簧（　）　浇口套（　）

顶杆固定板（　）　复位杆（　）　导柱（　）　复位弹簧（　）

学习活动二　复杂三板模的拆卸

学习目标

（1）能利用正确选用的拆卸工具。

（2）能正确进行拆卸简单三板模。

（3）能说出三板模的拆卸工艺过程。

（4）在老师的指导下完成三板模的拆卸。

（5）能主动获取有效信息，拥有踏实严谨、精益求精的学习态度以及敬业爱岗、团结协作的工作作风。

建议学时　12 学时

学习过程

（1）配合观看三板模拆卸视频，注意各零部件装配关系。

（2）观看三板模工作过程视频，注意三板模的工作状态，然后完成表 8-2。

过程描述：

A. 卸下定模座板对角固定螺钉，并有序放好。

B. 将工具放入指定工具盒，用橡胶锤敲出动定模部分，并有序放好。

C. 观察三板模的爆炸图，熟悉每个零部件。

D. 拿出对应的六角扳手，松开定模座板固定螺钉，并有序放好。

E. 取出动模部分，拿入对应的六角扳手，卸下拉料杆限位螺钉，并有序放好。

F. 取出拉料杆，并有序放好。

G. 卸下顶杆，并有序放好。

H. 用铜棒敲出导柱，并有序放好，清点数量是否正确。

I. 用铜锤敲出浇口套，拿出对应的六角扳手，卸下定模座板对角固定螺钉，并有序放好。

G. 取出脱凝料板，并有序放好，定模拆卸完毕。

K. 拿对应的六角扳手，卸下动模座板对角固定螺钉，并有序放好。

L. 拿对应的六角扳手，卸下定位块固定螺钉，并有序放好。

M. 拿对应的六角扳手，卸下模脚固定螺钉，并有序放好。

N. 取出型芯与型芯镶件，并有序放好 。

O. 卸下另一边滑块限位螺钉后，把滑块部分拿出。

P. 取出另一边滑块弹簧，并有序放好。

Q. 取下另一边成型针，和压紧块，并有序放好。

R. 将卸下的模脚放入指定位置，有序放好。

S. 把动模部分有序的分开，并放在指定的位置。

T. 卸下固定螺钉，并有序放好。

U. 卸下顶杆垫板，并有序放好。

V. 用橡胶锤敲出顶出部分，其他部分有序放好。

W. 按要求取下弹簧，并有序放好。

X. 卸下复位杆，并有序放好。

表 8-2 三板模拆卸过程

序号	实物图	使用工具	过程描述
1	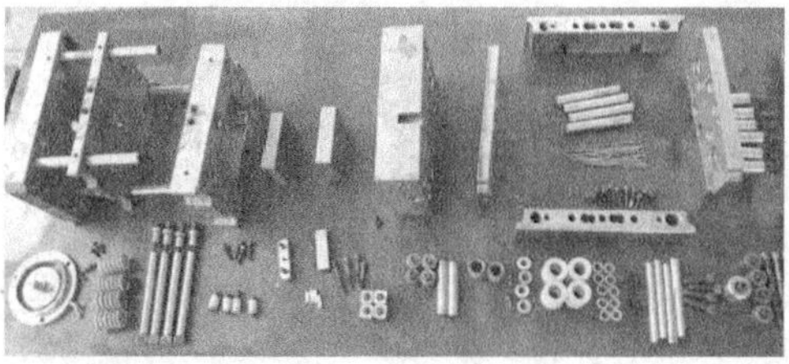		
2			
3	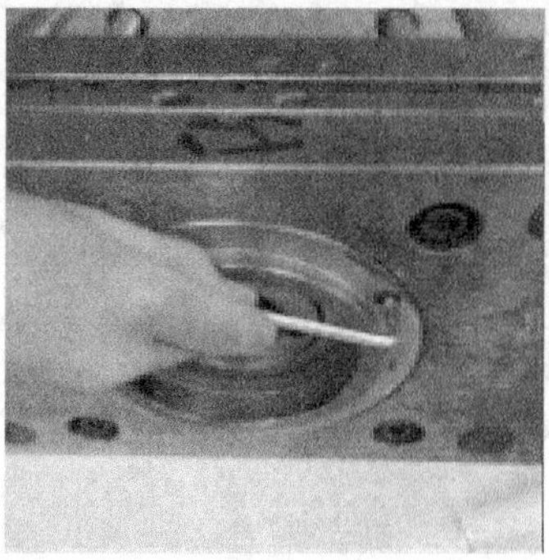		
4			

续表

序号	实物图	使用工具	过程描述
5			
6			
7	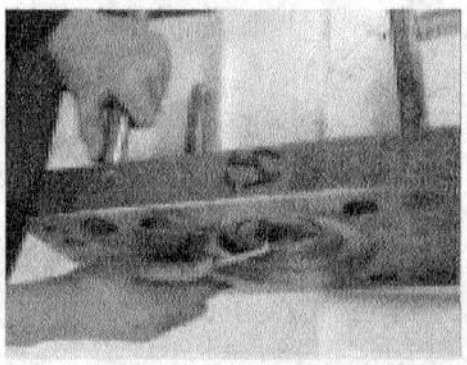 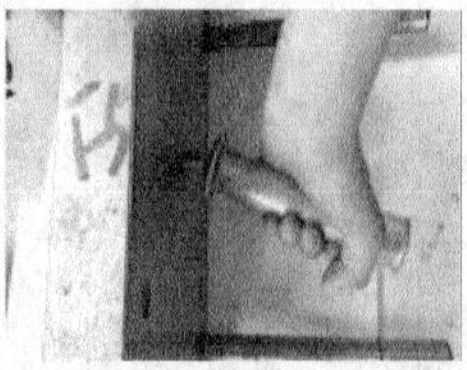		
8	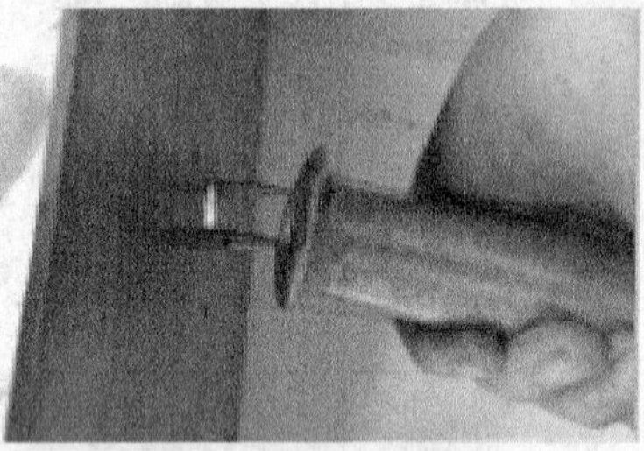		
9	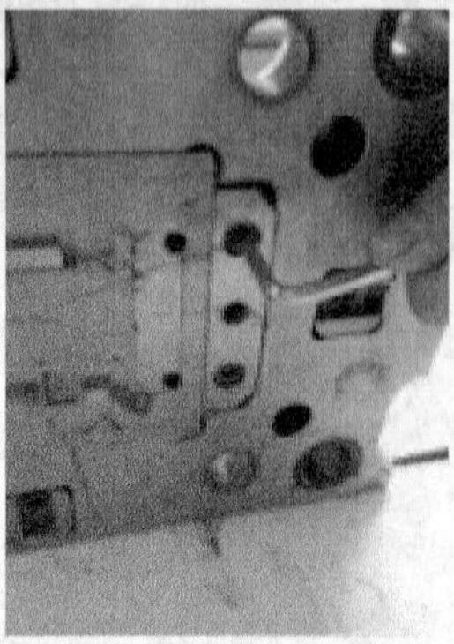		

续表

序号	实物图	使用工具	过程描述
10	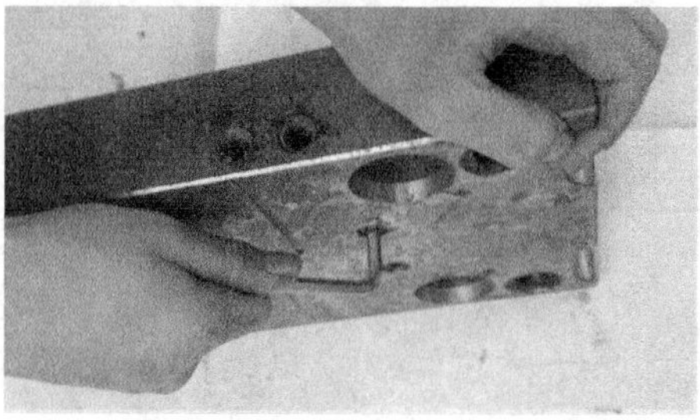		
11	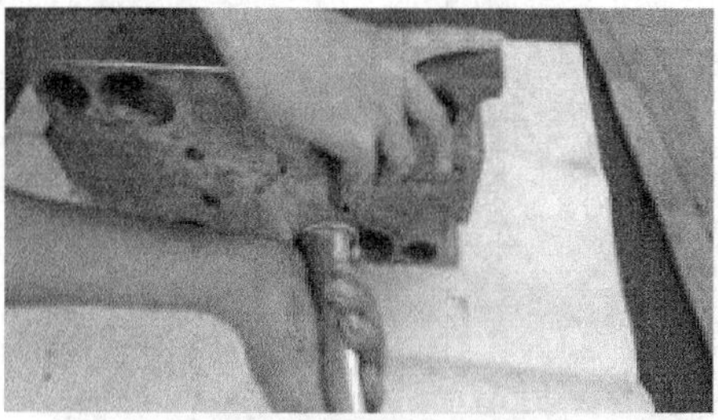 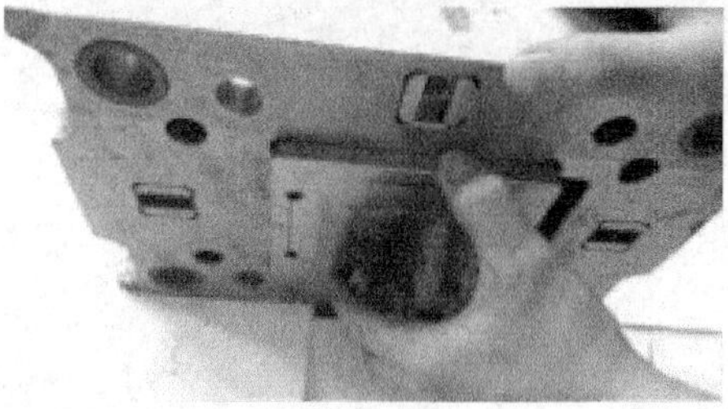		
12	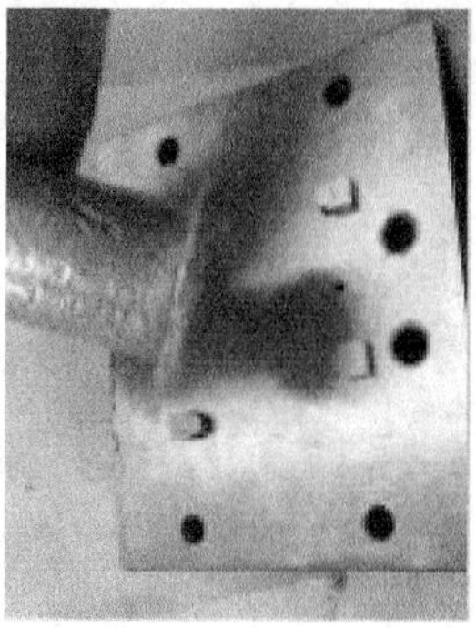		

续表

序号	实物图	使用工具	过程描述
13	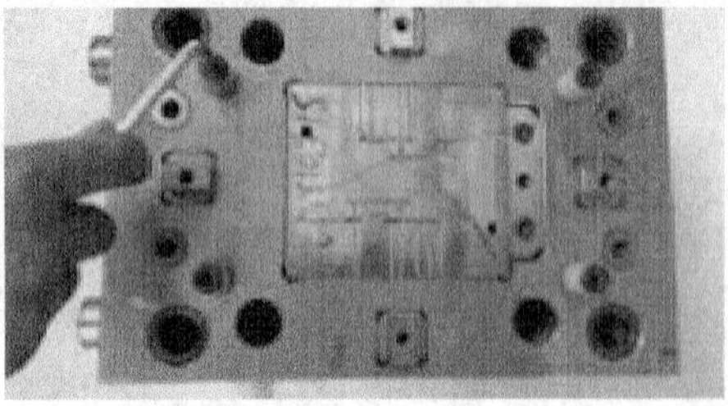 		
14			
15	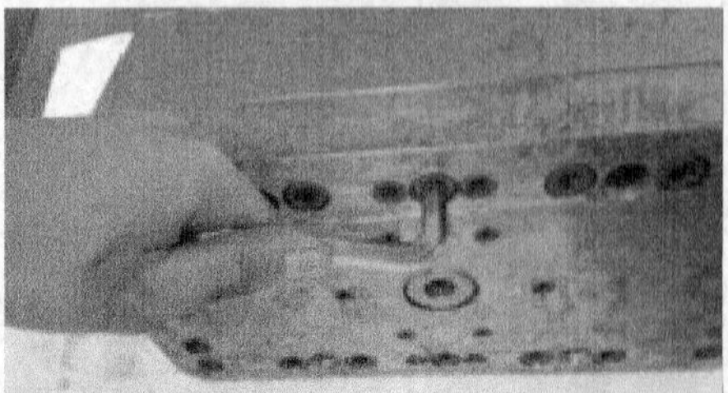		

续表

序号	实物图	使用工具	过程描述
16			
17	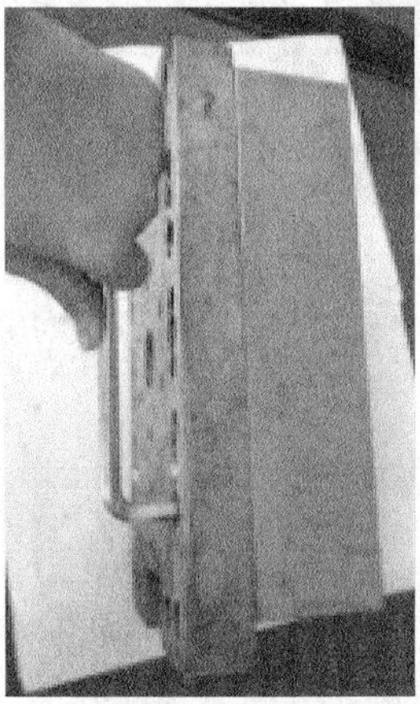		
18	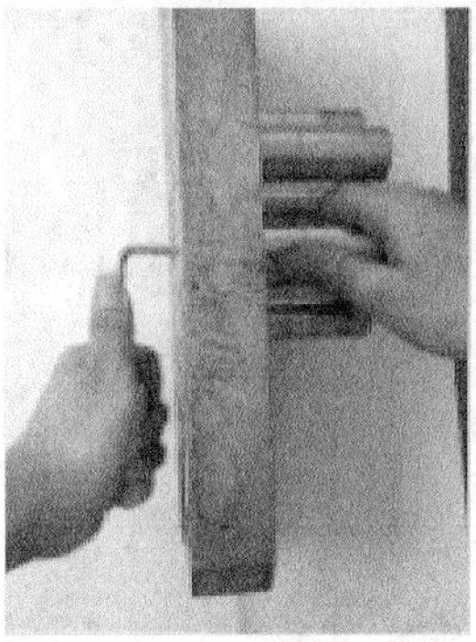		
19	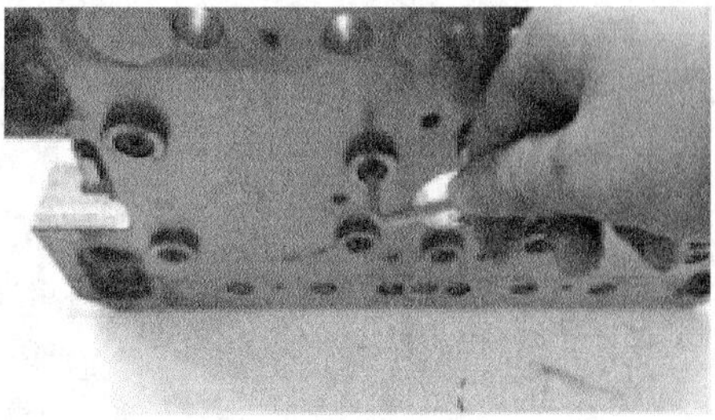		

续表

序号	实物图	使用工具	过程描述
20			
21			
22	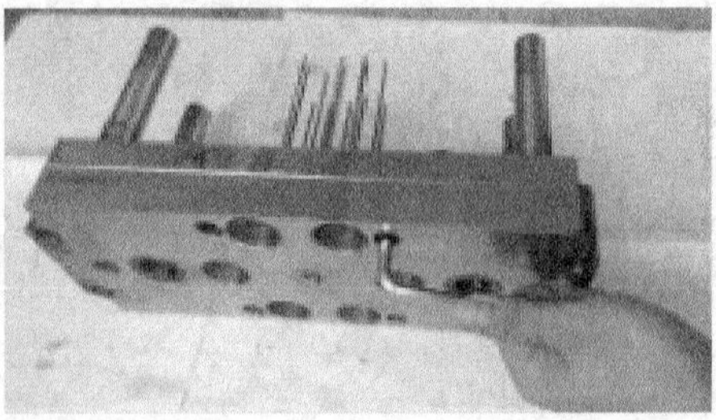		
23			
24	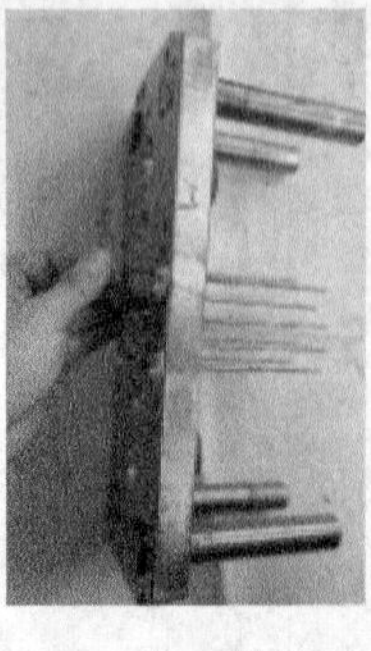		

续表

序号	实物图	使用工具	过程描述
25			
26	 		
27	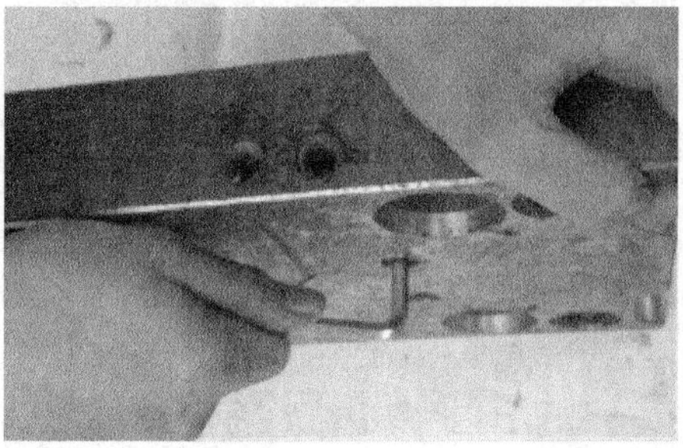		
28	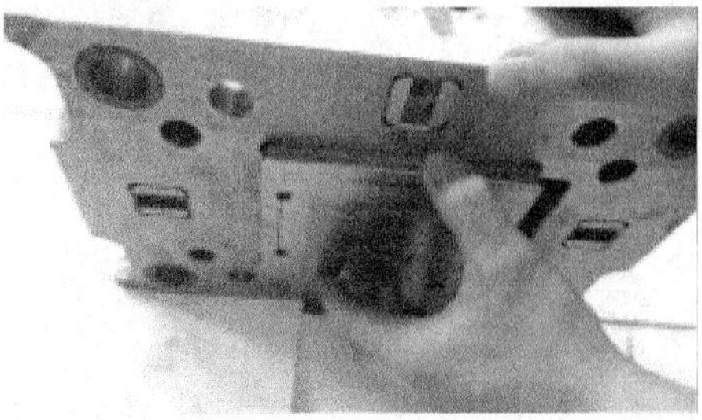		

填写完后，请同学们分组按照以上操作步骤，对三板模进行拆卸。

学习活动三　复杂三板模的装配

学习目标

（1）能知道型芯型腔的固定方法。
（2）能控制型芯型腔的间隙、装配模架。
（3）会螺钉及销钉的装配方法。
（4）能说出单工序三板模的装配工艺过程。
（5）在老师的指导下完成三板模的装配。

建议学时 10 学时

学习过程

一、模具拆装时的注意事项

在模具装配之前，需要先认识模具装配相关知识——装配模具常用工具、模具结构图、模具标准件。

请认真阅读学习任务二中小技巧内容，再认真完成三板模装配过程表。

二、三板模装配过程

（1）配合观看三板模装配视频，注意各零部件装配关系。

（2）观看三板模工作过程视频，注意三板模的工作状态，然后完成表8-3。

表8-3　三板模装配过程

序号	实物图	使用工具	过程描述
1			
2			

续表

序号	实物图	使用工具	过程描述
3	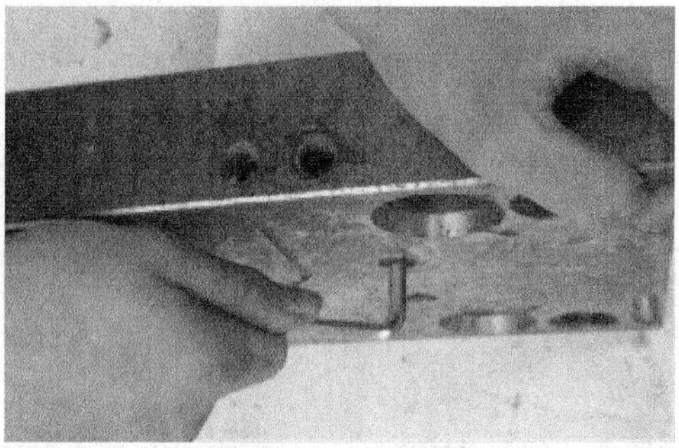		
4	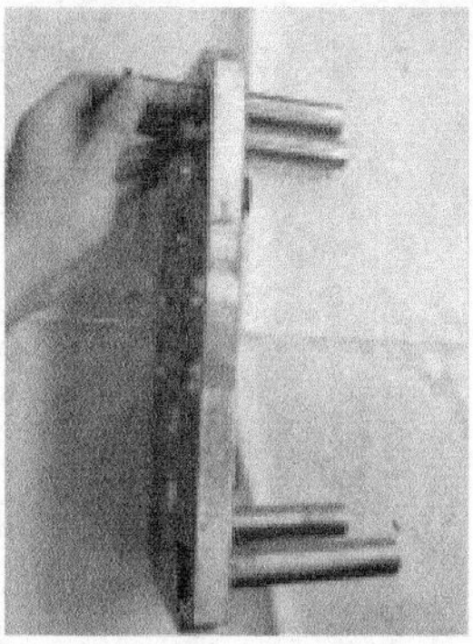		
5	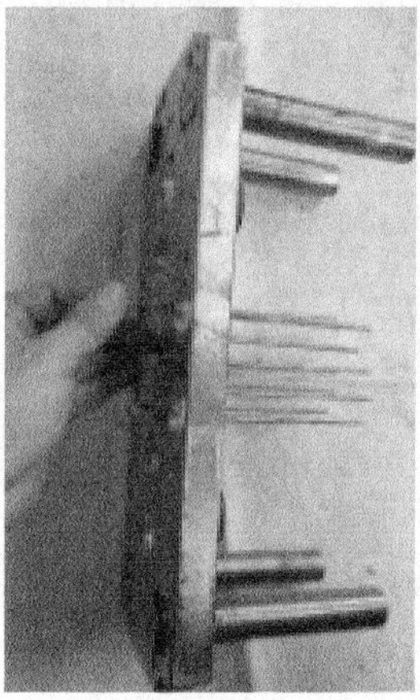		
6			

续表

序号	实物图	使用工具	过程描述
7	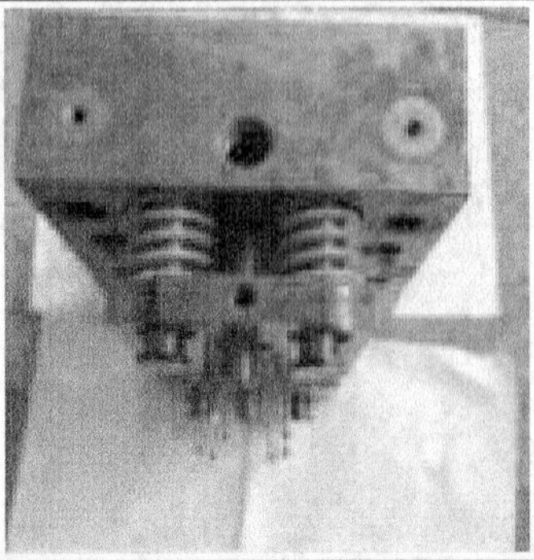		
8			
9	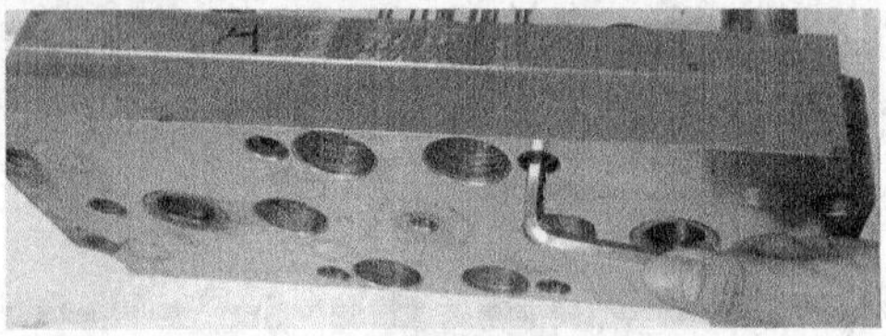		
10	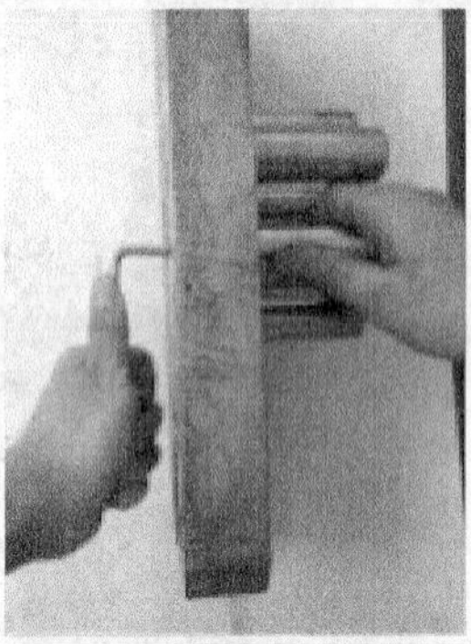		
11	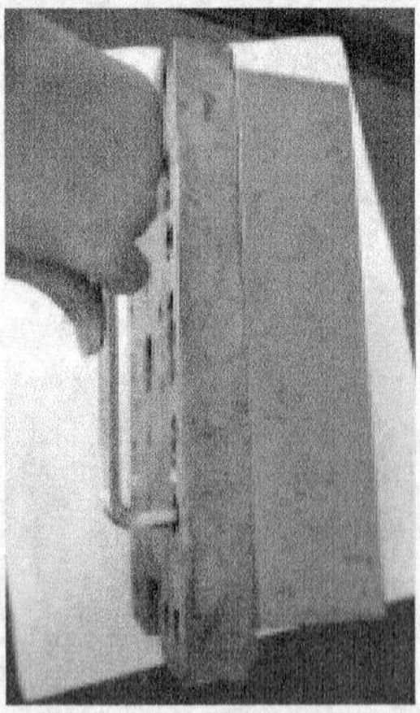		

续表

序号	实物图	使用工具	过程描述
12	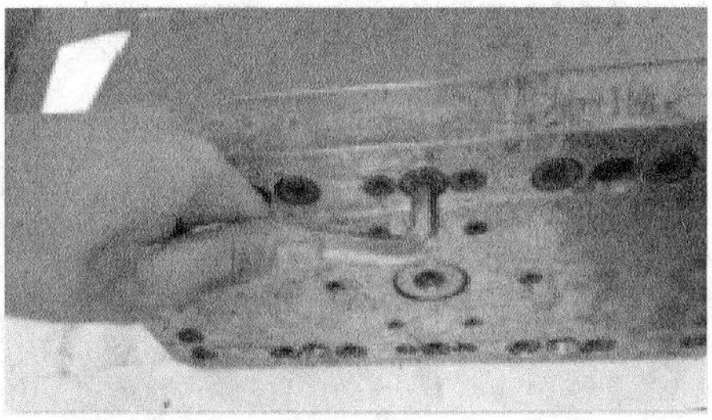		
13	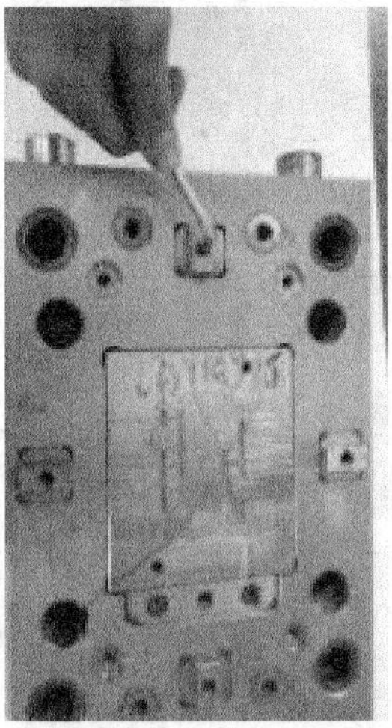		
14	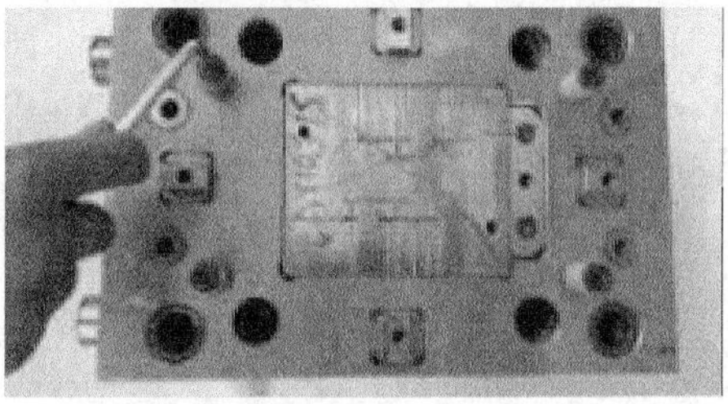 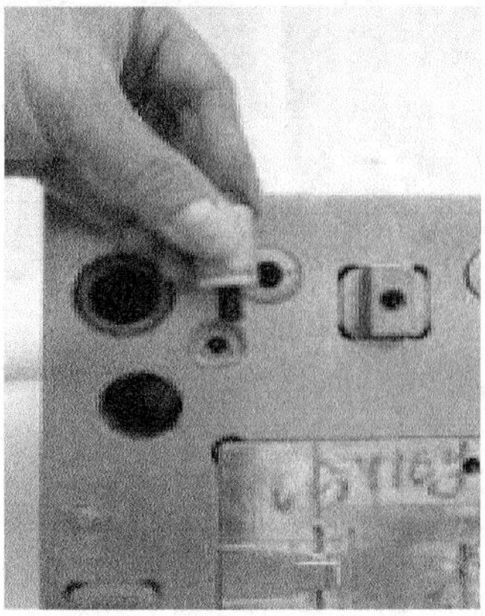		

续表

序号	实物图	使用工具	过程描述
15			
16	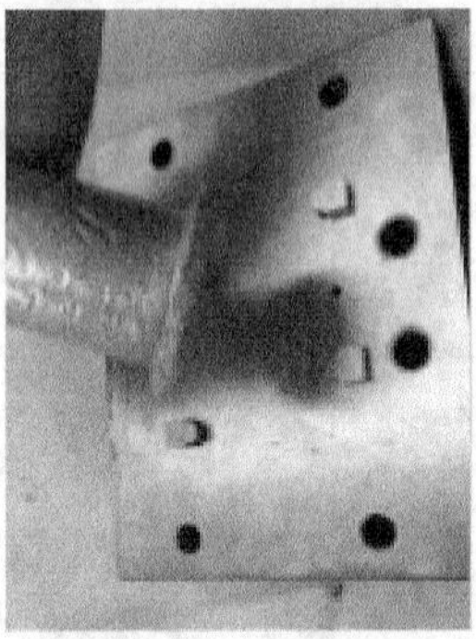		
17	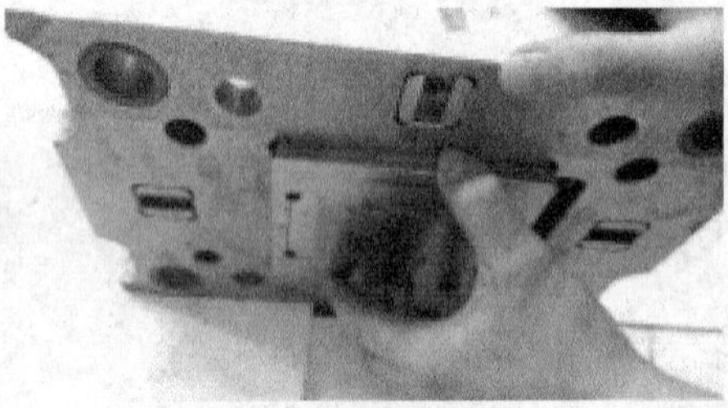		
18	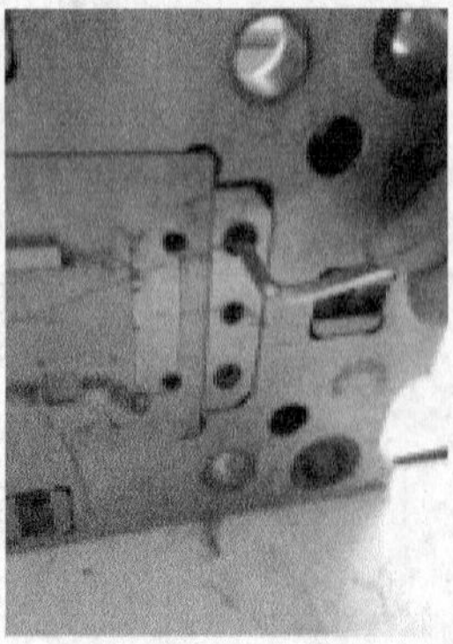		

续表

序号	实物图	使用工具	过程描述
19			
20	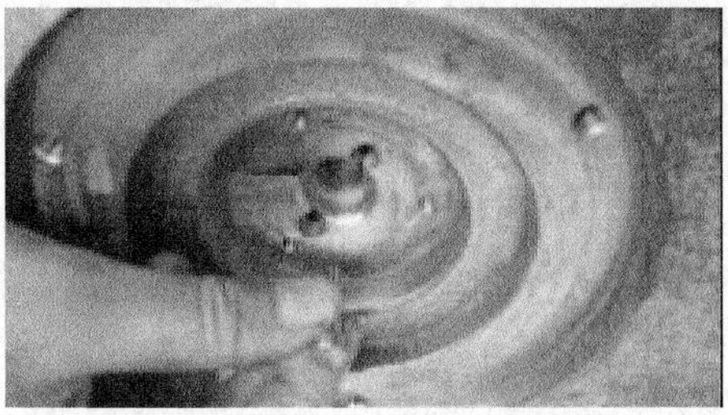		
21			
22	 		

续表

序号	实物图	使用工具	过程描述
23	 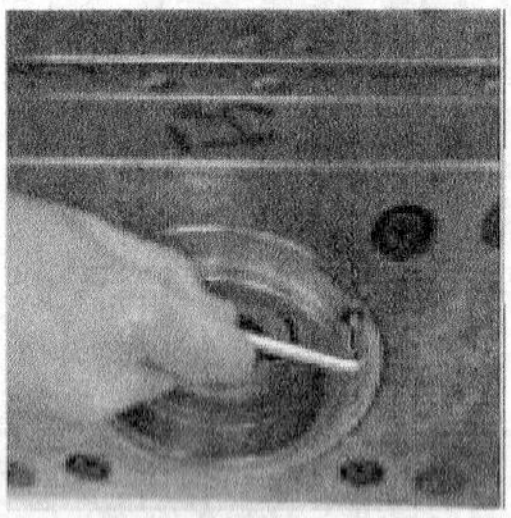		
24			
25	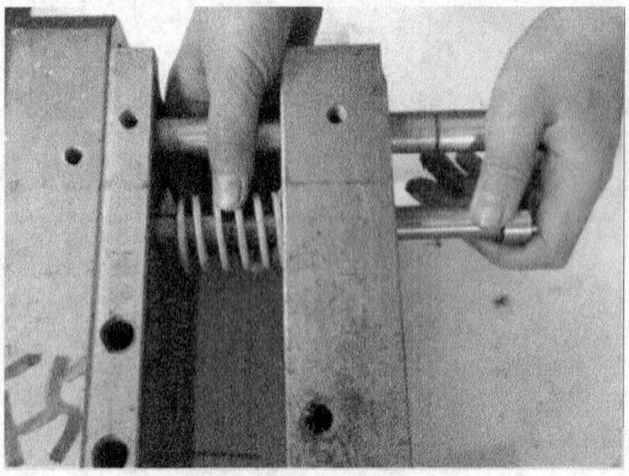		
26	 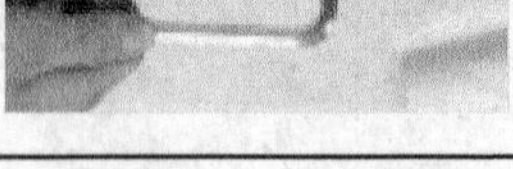		

续表

序号	实物图	使用工具	过程描述
27			

学习完以上内容后，请按照正确顺序排列三板模装配过程。

(1) 装配定位圈　(2) 装配脱凝料板　(3) 装配定模板　(4) 装配浇口套
(5) 装配顶出部分　(6) 装配动模座板　(7) 装开闭器　(8) 装配型芯
(9) 打刻编号　(10) 装配撑柱　(11) 总装配

正确顺序是：

学习活动四　工作总结与综合评价

学习目标

(1) 能结合自身任务完成情况，正确规范撰写工作总结（心得体会）。
(2) 能按分组情况，分别派代表展示工作成果，说明拆装情况，并作出分析总结。
(3) 能就本次任务中出现的问题，提出改进措施。
(4) 能对学习与工作进行反思总结，并能与他人开展良好合作，进行有效的沟通。

建议学时

2 学时

学习过程

一、个人、小组评价

在小组内每个人先对完成情况进行评价总结，再由小组推荐代表向全班作小组总结。评价完成后，根据其他组成员对本组的评价意见进行归纳总结，完成自评价总结的撰写。

拆装结果展示

根据上面检测所得分数，填写表 8-4（此表的成绩占总成绩的 30%）。

表 8-4 拆装合格率汇总表

单位名称		模具类型	模具名称	日期
序号	小组名称	正确拆装数量	不正确拆装数量	产品合格率

注：表中所算得出产品合格率即为小组成员的成绩，如，某一小组的产品合格率为 80%，则该组成绩为 80 分。

二、小组互评（表 8-5）

表 8-5 小组互评表（占总成绩 20%）

被评小组名称：		
被评小组成员：		
序号	评价项目	评价(1～10)
1	团队合作意识,注重沟通	
2	能自主学习及相互协作,尊重他人	
3	学习态度积极主动,能参加安排的活动	
4	服从教师的教学安排,遵守学习场所管理规定,遵守纪律	
5	能正确地领会他人提出的学习问题	
6	遵守学习场所的规章制度	
7	工作岗位的责任心	
8	学习过程全勤	
9	学习主动	
10	能正确对待肯定和否定的意见	
11	团队学习中主动与合作的情况如何	
合计		

参与评价的同学签名：__________　　　　　　　　　______年______月______日

表格填写说明：

(1) 表 8-5 由其他小组进行评价填写，自己小组的成员不参与自己小组的评价；

(2) 每一项的填写都要经过小组大部分人员的认可方可下定分数；

(3) 填写过程必须客观公正地对待。

三、教师评价（占总成绩 50%）

请在教师引导下根据表现由小组进行评价，再由指导教师给出考核结果（表 8-6）。

表 8-6 考核结果表（教师填写）

单位名称		班级学号		姓名		成绩	
		模具类型		零件名称			
序号	评价项目	考核内容		所占比率/%	得分		
1	工作服和防护穿戴	(按工作服和防护穿戴情况考核)		10			
2	选用拆装工具情况	(按选用拆装工具情况考核)		15			
3	操作熟练度	(按操作情况考核)		20			

续表

序号	评价项目	考核内容	所占比率/%	得分
4	拆装过程情况	（按工序卡片填写情况考核）	20	
5	拆装正确率	（按模具拆装正确率考核）	20	
6	安全文明生产（10分）	按要求着装	10	
		操作规范，不损坏设备		
7	团队协作（5分）	能与小组成员和谐相处，互相学习，互相帮助，不一意孤行。	5	
合计			100	

教师签名：__________ ______年______月______日

附录 答 案

学习任务一 冲孔模的拆卸与装配

学习活动一 模具拆装车间的基本要求

表 1-1 生产现场中的安全文明问题

序号	存在的问题
1	乱放拆装工具——拆装模具时，把工具无序乱放在工作台上
2	边拆装模具边打手机——在模具拆装时，不专心操作
3	乱摆放清洁工具——清洁拆装车间后，乱放清洁工具
4	设备上乱放工具——使用设备时，把工具杂物乱放在设备上
5	乱摆放拆卸模具零件——拆卸模具后，把零件不按照排序到处乱放

（2）D、C、E、A、B

学习活动二 冲孔模结构认知

表 1-4 练习题

序号	A种类(材料)	B模具类型名称
1	金属模具	锻造模——曲轴
2	金属模具	冲压模——汽车车身覆盖件
3	金属模具	铸造模——水龙头
4	金属模具	冲压模——饮料铁/铝罐
5	金属模具	锻造模——连杆
6	金属模具	压铸模——汽缸体
7	塑料模具	注射成型模——电视机外壳
8	塑料模具	压缩成型模——电源开关
9	塑料模具	中空成型模——塑料饮料容器/瓶
10	塑料模具	挤压成型模——塑料袋
11	塑料模具	热成型模——透明成型包装外壳
12	金属模具	拉伸模——钢管

学习活动三 冲孔模的拆卸

三、模具拆卸的一般规则

（1）具体结构　　拆卸顺序　　猛敲猛拆　　零件损伤或变形

（2）拆外部附件　　拆主体部件　　由外而内、由上而下

（3）专用工具　　钢锤直接在零件的工作表面上

（4）做好标记　　辨别清楚

（5）凸模、凹模和型芯

（6）应尽快清洗　　防锈油

表 1-8 冲孔模模具拆卸过程

序号	使用工具	过程描述
1	橡胶锤子	拆分上下模，并有序放好
2	对应的内六角扳手	取出上模部分，并松开凸模固定板限位拉杆有序放好

续表

序号	使用工具	过程描述
3	手动	取出压料板,并有序放好
4	手动	取出弹簧,并有序放好
5	对应的六角扳手	卸下冲头压块螺钉,并有序放好
6	铜锤,铝棒	用铜锤与铝棒敲出冲头压块
7	铜锤,铝棒	用铜锤与铝棒敲出冲头,并有序放好
8	对应的六角扳手	用对应的六角扳手松开下模座板固定螺钉,并有序放好
9	对应的内六角扳手	取出下模部分,并松开凹模固定板固定螺钉,有序放好
10	铜锤、铜棒	用铜锤与铜棒敲出定位销,并有序放好
11	手动	取出凹模固定板,并有序放好
12	对应的内六角扳手	卸下凹模对角固定螺钉,并有序放好
13	手动	取出凹模,并有序放好
14	对应的内六角扳手	卸下凹模对角固定螺钉,并有序放好

学习活动四　冲孔模的装配

一、冲模装配知识

(1) 模具外观、安装尺寸和总体装配精度

(2) 直接装配法　　配作装配法

(3) 凹、凸模的间隙均匀　　基准件　　依赖关系　　凸模　　固定板

(4) 装配规程　　固定板　　卸料零件

(5) 基准件　　上、下模

五、冲孔模装配过程

(1) 装配导柱　(9) 打刻编号　(7) 装销钉　　(5) 装配凹模

(4) 装配凹模固定板　(7) 装销钉　(2) 装配冲头　(3) 装配压料板

(8) 调整间隙　(11) 总装配

学习活动六　冲孔模的安装与调试

任务一　冲孔模的安装与调试

一、学习基础知识

(1) ①闭合高度　②公称压力　③安装槽(孔)　④落料孔　⑤长度与直径

(2) ①刹车、离合器　②打料螺钉　③压缩空气垫

(4) ①煤油、天那水、酒精

小提示:

旋转运动　　往复直线运动　　间歇运动　　连续运动　　储能

(1) 曲轴、连杆、滑块、导轨

(2) 带传动和齿轮传动

(3) 离合器、制动器

(4) 电动机　飞轮

(5) 机身、润滑系统、顶件装置、保护装置、滑块平衡装置、安全装置

二、请写出图 1-6 冲压机的名称

(a) 冲压机　(b) 摩擦冲压机　(c) 液压冲压机　(d) 微型冲压机

三、填空题

1—电动机　3—大带轮　5—小齿轮　8—机身　10—制动器　11—连杆　13—上模　15—垫板　16—工作台

表 1-13　冲孔模模具安装与调试过程

序号	过程描述
1	把冲孔模放入微型冲压机里面
2	调整冲孔模位置,把模具放正
3	利用扳手调整联动轴与上模架的配合
4	利用扳手固定联动轴与冲孔模上模座连接螺钉
5	利用扳手固定联动轴与冲孔模下模座连接螺钉
6	利用合适的内六角旋具固定下模板
7	微调微型冲压机的配合间隙
8	调整冲孔模的冲压材料间隙
9	把冲压材料安装在冲孔模上
10	冲孔模通过微型冲压机制作的产品

学习任务二　哈夫模的拆卸与装配

学习活动一　哈夫模结构认知

表 2-1　哈夫模零件

序号	作用用途
3	把定模部分固定于注塑机上
4	用于藏型腔
5	用于成型产品外表面
6	用于限位哈夫滑块的行程
7	将模具哈夫滑块复位
8	用于顶出产品
9	导向模具
10	用于藏型芯
11	与复位弹簧功能类似
12	使顶出系统先复位
13	支撑动模板,产生一个空间,放置顶出系统
14	用于安装顶杆
15	用于在顶杆板上固定顶杆
16	把动模部分固定于注塑机上
17	固定定模板
18	固定动模板

学习活动二　哈夫模的拆卸

表 2-2　哈夫模的拆卸过程

序号	使用工具	过程描述
1	观察	观察哈夫模外型与情况
2	橡胶锤子	用橡胶锤敲出动模与定模部分,并有序放好
3	对应的六角扳手	利用对应的六角扳手扭开和卸下压块螺钉,并有序放好
4	手动	手动取出哈夫限位块,按照相同的步骤拆卸另一限位块,并有序放好
5	手动	手动取出左边哈夫限位块,并有序放好
6	手动	手动取出右边哈夫限位块,并有序放好
7	手动	取下弹簧
8	对应的内六角扳手,铜锤	用对应的内六角扳手,卸下浇口套螺钉,用铜锤敲出浇口套
9	对应的内六角扳手	利用内六角扳手,卸下定模座板对角固定螺钉,并有序放好
10	手动	取出模具定模座板,把定模座板和定模板分离开,并有序放好,定模拆卸完毕
11	对应的六角扳手	开始进行拆卸动模座板,找到对应的六角扳手,卸下动模板座对角固定螺钉,并有序放好
12	手动	手动把动模座板分开,并有序放好
13	对应的内六角扳手	拿出对应的六角扳手,卸下模脚固定螺钉,并有序放好

续表

序号	使用工具	过程描述
14	手动	卸下螺钉后，小心地将卸下的模脚放入指定位置，并有序放好
15	橡胶锤	用橡胶锤敲出顶出部分，并有序放好
16	对应的六角扳手	拿出对应的六角扳手，卸下顶杆底板对角固定螺钉
17	手动	卸下螺钉后，小心地将卸下的顶杆底板放入指定位置，并有序放好
18	手动	依次取出顶杆，放入指定位置，并有序放好
19	手动	依次取出模具复位杆，放入指定位置，并有序放好
20	手动	把复位弹簧拿出，并有序放好
21	对应的六角扳手	拿出对应的六角扳手，卸下型芯固定螺钉，放入指定位置，并有序放好
22	手动，铜棒，铝棒	卸下型芯固定螺钉后，用铜锤与铝棒轻轻敲出型芯，把型芯放入指定位置，并有序放好
23	铜棒	用铜棒敲出导柱，放入指定位置，并有序放好，清点动模拆卸后的零件数目

学习活动三 哈夫模的装配

二、哈夫模装配过程

表 2-3 哈夫模装配过程

序号	使用工具	过程描述
1		先看哈夫模装配爆炸图，再认真检查装配零件数量
2	对应的六角扳手	拿出定模座板，清理零件接触面，对准装配基准，预锁定模座板固定螺钉（先不要锁紧）
3	对应的六角扳手	取出浇口套，用铜锤敲入浇口套，拿对应六角扳手，锁紧浇口套固定螺钉，锁紧定模座板对角固定螺钉
4	手动	取出滑块部分配件，清理零件接触面，装入模具弹簧
5	手动	对准装配基准，先安装左滑块
6	手动	对准装配基准，先安装右滑块
7	对应的六角扳手	清理零件接触面，拿出相对应的六角扳手，安装压块，锁紧压块固定螺钉
8	对应的六角扳手	安装压块后，锁紧压块固定螺钉，定模部分安装完毕
9	铜棒	取出动模板及导柱，清理零件接触面，装入导柱，用铜锤敲入导柱
10	橡胶锤	拿出型芯，清理零件接触面，对准基准，用橡胶锤敲紧型芯
11	对应的六角扳手	拿出对应的六角扳手，锁紧型芯固定螺钉，固定好安放在指定位置
12	手动	取出顶杆固定板与复位杆，安装复位杆
13	手动	安装复位弹簧
14	手动	安装弹簧后，取出动模板，清理零件接触面，对准装配基准，安装顶杆和顶杆底板
15	对应的六角扳手	拿对应的六角扳手，锁紧顶杆底板对角固定螺钉，放置在指定位置
16	对应的六角扳手	取出模脚与动模座板，清理零件接触面，安装动模座板，取出模脚固定螺钉，拿对应的六角扳手，旋入模脚固定螺钉，用橡胶锤敲平模脚，再锁紧螺钉
17	对应的六角扳手	取出动模座板固定螺钉，锁紧动模座板对角固定螺钉
18	铜锤	用防锈油喷洒合模表面，对准基准，用橡胶锤敲紧定模与动模进行合模

正确顺序是：

（9）打刻编号 （4）装配定模板（A 板） （12）装浇口套 （5）装配型腔

（2）装配限位块 （6）装配型芯 （7）装顶杆 （11）装模脚 （10）总装配

学习活动五 哈夫模的安装与调试

任务一 哈夫模的安装与调试

一、认识注塑机的结构

注塑系统 合模系统 液压控制系统 电器控制系统

1. 料斗 料筒 加热器 计量装置 螺杆及其驱动装置 喷嘴

2. 固定模板 移动模板 拉杆 合模油缸 连杆机构 调模机构以及制品推出机构

实现模具的闭合、锁紧、开启和顶出制品

3. 压力 速度 时间 温度

二、注塑机的分类

(a) 卧式注塑机　(b) 立式注塑机　(c) 直角式注塑机

机身矮，易于操作和维修；机器重心低，安装较平稳；制品顶出后可利用重力作用自动落下，易于实现全自动操作。

模温机的实际名称应叫模具温度控制机，用于控制模具在成型时的温度，广泛应用于导光板压铸、橡胶轮胎、滚轮、化工反应釜、黏合、密炼等各行各业。

模温机

三、安装步骤

(1) 安装时需要保证模具的方向正确；(2) 模具浇口套与注塑机射嘴中心一致；(3) 码仔与码模槽需保持在同一水平线上。

表 2-7　塑料模具试模

序号	步骤	序号	步骤
1	准备安装工具	8	模具吊装过程
2	模具准备	9	模具定位圈与机板定位孔配合
3	启动设备	10	压紧模具
4	检查模具	11	安装马模夹子
5	测量模具厚度是否与机台一致	12	调节顶出装置
6	调整模具	13	开模检查型腔
7	模具起吊	14	连接水管试水

表 2-8　哈夫模模具安装与调试过程

序号	过程描述
1	检查一下哈夫模是否装配完成
2	固定哈夫模定模部分
3	固定哈夫模动模部分
4	连接后调整好距离，再检查是否装好配件，是否固定好
5	打开紧急开关
6	打开电源开关
7	调整试模输入参数
8	调整试模输入参数
9	调整好参数后，进行塑料模具试做
10	哈夫模试做后产品

学习任务三　三板模的拆卸与装配

学习活动一　三板模结构认知

表 3-1　三板模零件

序号	作用用途
2	把动模部分固定在注塑机上
3	用于装藏型腔
4	作为浇注系统的主流道
5	固定定模座板
6	把凝料从流口套中拉出
7	用于拉断凝料
8	用于成型产品外表面
9	用于顶出产品
10	使顶出系统先复位
11	支撑动模板，为模具顶出留出空间

续表

序号	作用用途
12	使顶出系统先复位
13	用于安装顶杆
14	用于在顶杆板上固定顶杆

学习活动二　三板模的拆卸

表 3-2　三板模拆卸过程

序号	使用工具	过程描述
1		观察三板模的爆炸图,熟悉每个零部件
2	橡胶锤	将工具放入指定工具盒,用橡胶锤敲出动定模部分,并有序放好
3	对应的六角扳手	拿出对应的六角扳手,松开限位拉杆螺钉,并有序放好
4	橡胶锤	轻轻敲出凹模固定板,并有序放好
5	铜锤,对应的六角扳手	卸下浇口套螺丝,并用铜锤敲出浇口套,有序放好
6	对应的六角扳手	拿出对应六角扳手,松开拉料杆处无头螺钉,并有序放好
7	铜锤	使用铜锤轻轻敲出拉料杆,并有序放好
8	对应的六角扳手	拿出对应六角扳手,松开脱凝料板限位拉杆螺钉,并有序放好
9	手动	卸下脱凝料板,并有序放好
10	对应的内六角扳手	取出动模部分,拿对应的六角扳手,卸下尼龙胶塞,并有序放好
11	对应的六角扳手	拿对应的六角扳手,卸下动模座板对角固定螺钉,并有序放好
12	手动	把动模部分有序地分开,并放在指定的位置
13	对应的六角扳手	拿对应的六角扳手,卸下模脚固定螺钉,并有序放好
14	手动	将卸下的模脚放入指定位置,有序放好
15	橡胶锤	用橡胶锤敲出顶出部分,其他部分有序放好
16	对应的六角扳手	拿对应的六角扳手,卸下顶杆底板固定螺钉,并有序放好
17	手动	取下顶杆底板,并有序放好
18	手动	按要求取下顶杆,并有序放好
19	手动	按要求取下复位弹簧,并有序放好
20	手动	卸下复位杆,并有序放好
21	对应六角扳手	卸下固定螺丝,并有序放好
22	手动	取出型芯,并有序放好,清点数量是否正确

学习活动三　三板模的装配

表 3-3　三板模装配过程

序号	使用工具	过程描述
1		观察三板模的爆炸图,熟悉每个零部件
2	手动	把型芯装入动模板(B板),并有序放好
3	对应六角扳手	装好固定螺钉
4	手动	装入复位杆
5	手动	装入复位弹簧
6	手动	装入顶杆
7	对应的六角扳手	装入顶杆底板和固定螺钉
8	对应的六角扳手	拿对应的六角扳手,固定好模脚固定螺钉
9	手动	把动模部分有序地装配
10	对应的六角扳手	拿对应的六角扳手,固定好动模座板对角固定螺钉
11	对应的六角扳手	拿对应的六角扳手,旋入开闭器螺钉
12	手动	装入脱凝料板
13	对应的六角扳手	拿对应的六角扳手,固定脱凝料板
14	手动	装好拉料杆
15	对应的六角扳手	拿对应的六角扳手,固定拉料杆
16	铜锤	用铜锤敲入浇口套

续表

序号	使用工具	过程描述
17	手动	装定模板(A板)
18	对应的六角扳手	拿对应的六角扳手,固定定模板(A板)螺钉,并有序放好
19	橡胶锤	喷洒装配专用油,并安装好
20		装配好的效果图

学习活动五　三板模的安装与调试

任务一　三板模的安装与调试

三、成型条件

1. 射出时间　保压时间　冷却时间　烘料时间　开合模时间
2. 背压　射出压力　保压　顶出压力　高压锁模压力
3. 开合模速度　射出速度　顶出速度　计量速度
4. 干燥温度　模温　熔胶温度　室温
5. 计量位置　开模位置　VP转换位置　熔胶位置　顶出位置

表3-7　三板模具安装与调试过程

序号	过程描述
1	检查一下三板模是否装配完成
2	固定三板模定模部分
3	固定三板模动模部分
4	连接后调整好距离,再检查是否装好配件,是否固定好
5	打开紧急开关
6	打开电源开关
7	调整试模输入参数
8	调整试模输入参数
9	调整好参数后,进行塑料模具试做
10	三板模试做后产品

表3-8　注塑模成型工艺过程

序号	步骤	序号	步骤
1	塑料预烘干	5	注射
2	装入料斗	6	保压
3	预塑化	7	冷却
4	准备注射	8	脱模

表3-9　成型制品外观不良现象及解决对策

序号	产生的原因	解决的办法
1	射出压力太低、射出速度慢、原料供给量不足	提高压力、提高射速、增加料量
2	射出压力大、开模压力不足、热浇道温度设定过高	重新调整增加、降低注射压力,调整适当的温度
3	射速太慢、原料温度偏高、保压时间不足	提高射出速度、降低原料加热温度、增加保压时间
4	顶杆过细	更换顶杆或改变模具顶出系统
5	产品中产生应力集中、制品在模具内冷却不均匀	加快注塑速度,增大注塑压力,延长注塑和保压时间,减少应力集中,调整模具冷却系统,使产品均匀冷却,调整顶出位置,使脱模力均匀
6	原料温度偏低、流动性不足、射出喷嘴温度太低、排气不良	提高原料加热温度、检修喷嘴部电热片及提高温度、追加顶出梢或逃气槽
7	射出能力不足,原料加热温度太高产生热分解,原料加热温度低熔不均	确认射出容量、可塑化能力,降低原料加热温度,提高原料加热温度
8	模内空气排除不及时,浇口流道太小	降低原料射速,增大模具浇口及流道尺寸

学习任务四　斜导柱模的拆卸与装配

学习活动一　斜导柱模结构认知

表 4-1　斜导柱模零件

序号	材料	作用用途
1	塑料	生活用品
2	铝合金	把定模部分固定于注塑机上
3	铝合金	把动模部分固定于注塑机上
4	45＃钢	作为浇注系统的主流道
5	SCM435	固定定模座板
6	SUJ2	提供动力、带动滑块运动
7	铝合金	直接参与成型或安装成型零件以及抽芯导向
8	铝合金	成型产品的内表面
9	SUJ2	用于顶出产品
10	弹簧钢	使顶出系统先复位
11	铝合金	支撑模具，为模具顶出留出空间
12	SUJ2	使顶出系统先复位
13	铝合金	用于固定顶杆
14	铝合金	用于在顶杆板上固定顶杆
15	SUJ2	成型产品上细而长的孔特征
16	SUJ2	用于勾住浇口系统凝料，使主流道凝料从浇口套中脱离出来

学习活动二　斜导柱模的拆卸

表 4-2　斜导柱模拆卸过程

序号	使用工具	过程描述
1		观察斜导柱模的爆炸图，熟悉每个零部件
2	橡胶锤	将工具放入指定工具盒，用橡胶锤敲出动定模部分，并有序放好
3	对应的六角扳手	拿对应的六角扳手，松开定模座板固定螺钉，并有序放好
4	铜锤，对应的六角扳手	用铜锤敲出浇口套，拿对应的六角扳手，卸下定模座板对角固定螺钉，并有序放好
5	手动	卸下定模座板对角固定螺钉，并有序放好
6	手动	取出斜导柱，并有序放好
7	手动	取出斜导柱，并有序放好，定模拆卸完毕
8	对应的内六角扳手	取出动模部分，拿对应的六角扳手，卸下滑块限位螺钉，并有序放好
9	手动	卸下滑块限位螺钉后，把滑块部分拿出
10	手动	取出滑块弹簧，并有序放好
11	对应的六角扳手	拿对应的六角扳手，卸下镶针固定板固定螺钉，并有序放好
12	手动	取下镶针和镶针固定板，并有序放好
13	手动	卸下另一边滑块限位螺钉后，把滑块部分拿出
14	手动	取出另一边滑块弹簧，并有序放好
15	对应的六角扳手	拿对应的六角扳手，卸下另一边镶针固定板固定螺钉，并有序放好
16	手动	取下另一边镶针和镶针固定板，并有序放好
17	对应的六角扳手	拿对应的六角扳手，卸下动模座板对角固定螺钉，并有序放好
18	手动	把动模部分有序地分开，并放在指定的位置
19	对应的六角扳手	拿对应的六角扳手，卸下模脚固定螺钉，并有序放好
20	手动	卸下模脚，并有序放好
21	对应的六角扳手	卸下顶杆底板固定螺钉，并有序放好
22	手动	卸下顶杆，并有序放好
23	橡胶锤	用橡胶锤敲出顶出部分，其他部分有序放好
24	手动	按要求取下弹簧，并有序放好
25	手动	卸下复位杆，并有序放好
26	对应六角扳手	卸下固定螺钉，并有序放好

续表

序号	使用工具	过程描述
27	手动	取出型芯与型芯镶针，并有序放好
28	铜棒	用铜棒敲出导柱，并有序放好，清点数量是否正确

学习活动三　斜导柱模的装配

表 4-3　斜导柱模装配过程

序号	使用工具	过程描述
1		观察斜导柱模的爆炸图，熟悉每个零部件
2	铜棒	用铜棒敲入导柱
3	手动	把型芯装入，并有序放好
4	对应六角扳手	装好型芯固定螺钉
5	手动	按要求装入弹簧，并有序放好
6	橡胶锤	用橡胶锤敲紧顶出部分
7	手动	装入复位杆
8	手动	装入顶杆
9	对应的六角扳手	装入顶杆底板
10	对应的六角扳手	拿对应的六角扳手，固定好模脚固定螺钉
11	手动	把动模部分有序地装配
12	对应的六角扳手	拿对应的六角扳手，固定好动模座板对角固定螺钉
13	手动	装上镶针和镶针固定板
14	对应的六角扳手	拿对应的六角扳手，固定镶针固定板固定螺钉
15	手动	装入滑块弹簧
16	手动	把滑块部分放入，固定滑块限位螺钉
17	手动	装上镶针和镶针固定板
18	手动	拿对应的六角扳手，固定镶针固定板固定螺钉
19	手动	装入滑块弹簧
20	铜棒	把滑块部分放入，固定滑块限位螺钉
21	手动	安装后的效果图
22	手动	装入斜导柱
23	手动	装入斜导柱
24	手动	装好定模座板
25	铜锤，对应的六角扳手	用铜锤敲入浇口套，拿对应的六角扳手，固定定模座板对角固定螺钉
26	对应的六角扳手	拿对应的六角扳手，固定定模座板固定螺钉，并有序放好
27	橡胶锤	喷洒装配专用防锈油，并装配好
28		装配好的效果图

学习活动五　斜导柱模的安装与调试

任务一　斜导柱模的安装与调试

表 4-7　斜导柱模具安装与调试过程

序号	过程描述
1	检查一下斜导柱模是否装配完成
2	固定斜导柱模定模部分
3	固定斜导柱模动模部分
4	连接后调整好距离，再检查是否装好配件，是否固定好
5	打开紧急开关
6	打开电源开关
7	调整试模输入参数
8	调整试模输入参数
9	调整好参数后，进行塑料模具试做
10	斜导柱模试做后产品

表 4-8 注塑模成型工艺过程

序号	步骤	序号	步骤
1	塑料预烘干	5	注射
2	装入料斗	6	保压
3	预塑化	7	冷却
4	准备注射	8	脱模

学习任务五 QQ 级进模的拆卸与装配

学习活动一 QQ 级进模结构认知

表 5-1 QQ 级进模零件

序号	名称	材料	作用用途
1	产品	产品厚度 0.5mm	
2	上模座	铝合金	与微型机运动部分固定
3	凸模固定螺钉	SCM435	联接凸模和上模座
4	导柱	SUJ2	相互配合，对模具进行导向
5	下模座	铝合金	与微型拉伸机的工作台面固定
6	凹模固定板	铝合金	用于藏凹模
7	凹模固定板固定螺钉	SCM435	连接凹模固定板和下模座
8	定位销	SUJ2	安装螺钉之前，对凹模固定板先进行定位
9	弹簧	弹簧钢	为压料板的运动提供动力
10	凹模	S136H	与凸模相互配合，形成所要产品的形状
11	凸模	S136H	与凹模相互配合，形成所要产品的形状
12	导料浮顶块	铝合金	引导板料的传输
13	挡料销	铝合金	引导板料的传输和定位作用
14	限位拉杆	SUJ2	限制压板料的运动距离
15	定位销	SUJ2	安装螺钉之前，对凹模固定板先进行定位
16	推件块弹簧	弹簧钢	为压料板的运动提供动力
17	冲头	SUJ2	定位与固定
18	冲头压板	铝合金	用于固定冲头

学习活动二 QQ 级进模的拆卸

表 5-2 QQ 级进模拆卸过程

序号	使用工具	过程描述
1	橡胶锤子	拆分上下模，并有序放好
2	对应的内六角扳手	取出下模部分，卸下压料板限位拉杆螺钉，并有序放好
3	手动	取下弹簧和压料板，并有序放好
4	对应的内六角扳手	卸下冲针固定板螺钉，取下固定板，并有序放好
5	铜锤	敲出冲头，并有序放好
6	对应的内六角扳手	卸下成型凸模固定螺钉
7	手动	取出成型凸模，并有序放好
8	对应的内六角扳手	卸下凸模固定螺钉并有序放好
9	对应的六角扳手	利用辅助顶杆，用铜锤与铝棒敲出凸模，小心取出凸模，再用铜棒敲出导套，并有序放好
10	对应的六角扳手	取出上模部分，松开凹模固定板固定螺丝
11	铜锤、铜棒、辅助顶杆、手动	用铜锤与铝棒敲出凹模定位销，取下定位销并有序放好
12	对应的内六角扳手	卸下凹模固定板固定螺钉，有序放好
13	手动	卸下导料浮顶块弹簧，有序放好
14	对应的内六角扳手	卸下凹模对角固定螺钉，取出凹模，并有序放好
15	铜锤	卸下挡料销，并有序放好
16	手动	取出导料浮顶块，并有序放好
17	手动	将上模座板放入指定位置

学习活动三　QQ级进模的装配

表5-3　QQ级进模装配过程

序号	使用工具	过程描述
1		先看QQ级进模装配爆炸图，再认真检查装配零件数量
2	手动	取出凹模固定板，放入导料浮顶块
3	铜锤	取出凹模与挡料销，并用铜锤轻轻敲入挡料销
4	手动，铜锤，铜棒	取出凹模固定板、凹模，清理零件接触面，对准装配基准，安装凹模，用铜锤敲紧凹模
5	对应的六角扳手	锁紧凹模对应螺钉
6	手动	放入导料浮顶块弹簧
7	手动，铜锤	对准装配基准，安装凹模固定板，并敲入定位销
8	对应的六角扳手	拿对应的六角扳手，锁紧凹模固定板固定螺钉
9	铜棒	装入凸模，用铜锤敲紧凸模
10	手动	清理零件接触面，对准装配基准，安装成型凸模
11	对应的六角扳手	拿对应的六角扳手，锁紧凸模固定螺钉
12	铜棒，铜锤	取出冲头，用铜棒敲入冲头
13	铜锤，对应的六角扳手	轻轻敲紧冲头压块，并拿对应的六角扳手，锁紧压块螺钉
14	手动	安装压料板弹簧
15	手动	对准装配基准，安装压料板
16	对应的六角扳手	拿对应的六角扳手，锁紧压料板限位拉杆螺钉
17	手动，橡胶锤	取出上、下模，对准装配基准，用防锈油喷洒合模表面，用橡胶锤敲紧上下模进行试合模
18	对应的六角扳手	对准装配基准，锁紧凸模固定螺钉，QQ级进模装配完毕

三、拓展练习

正确顺序是：(9) 打刻编号　(1) 装配导柱　(5) 装配凹模　(4) 装配凹模固定板　(6) 装配冲裁凸模　(2) 装配成型凸模　(3) 装配压料板　(8) 调整间隙　(11) 总装配

学习活动五　QQ级进模的安装与调试

任务一　QQ级进模的安装与调试

表5-7　QQ级进模安装与调试过程

序号	过程描述
1	先把微型冲压机打到安全状态
2	把QQ级进模放入微型冲压机里面
3	把QQ级进模微型冲压机放正
4	利用扳手调整微型冲压机
5	安装QQ级进模
6	调整QQ级进模的上下距离
7	微调微型冲压机的接触器，调整模具配合间隙
8	打开安全按钮，对模具进行调整
9	把QQ级进模上模固定在微型冲压机上
10	把QQ级进模下模固定在微型冲压机上
11	把产品材料固定在微型冲压机进行产品试切
12	利用微型冲压机生产出来的产品

学习任务六 拉伸模的拆卸与装配

学习活动一 拉伸模结构认知

表 6-1 拉伸模零件

序号	名称	材料	作用用途
1	上模座	45#钢	与冲压机运动部分固定
2	凸模固定板固定螺钉	SCM435	连接凸模固定板和上模座
3	模柄	45#钢	用于将模具固定在冲压机上
4	下模座	45#钢	与微型冲压机的工作台面固定
5	凹模固定板	45#钢	用于藏凹模
6	凹模固定板固定螺钉	SCM435	连接凹模固定板和下模座
7	定位销	SUJ2	安装螺钉之前,对凹模固定板先进行定位
8	卸料板	45#钢	将冲裁后套在凸模上的条料卸下
9	垫板	45#钢	用于加强凹模固定板的强度
10	凸模固定板	45#钢	用于藏凹模
11	凹模	S136H	与凸模相互配合,形成所要产品的形状
12	凸模	S136H	与凹模相互配合,形成所要产品的形状
13	卸料块	45#钢	将冲裁后套在凸模上的条料卸下

学习活动二 拉伸模的拆卸

表 6-2 拉伸模拆卸过程

序号	使用工具	过程描述
1	铜锤	拆分上下模,并有序放好
2	对应的内六角扳手	取出下模部分,卸下压料板限位拉杆螺钉,并有序放好
3	手动	取下压料板,并有序放好
4	手动	卸下垫板并有序放好
5	铜锤	敲出定位销,并有序放好
6	手动	卸下凸模固定板,并有序放好
7	对应的螺丝刀	卸下凸模固定螺钉并有序放好
8	手动	卸下凸模,并有序放好
9	手动	取出凸模底板,并有序放好
10	对应的六角扳手	取出上模部分,松开凹模固定板固定螺钉
11	铜锤、铝棒、手动	用铜锤与铝棒敲出凹模定位销,取下定位销并有序放好
12	手动	分离凸模部分与上模座板
13	手动	卸下顶料块,有序放好
14	对应的内六角扳手	卸下模柄固定螺钉,并有序放好
15	手动	卸下模柄,并有序放好
16	铜锤	敲出定位销,并有序放好
17	手动	取出限位销,并有序放好
18	手动	卸下凸模推板,并有序放好
19	手动	卸下凸模及凸模固定板,并有序放好

学习活动三 拉伸模的装配

表 6-3 拉伸模装配过程

序号	使用工具	过程描述
1	手动	查看拉伸模钢模装配图,取出下模座
2	手动	取出凹模垫板,放入下模座板中
3	手动	取出凹模并将凹模固定至垫板上
4	手动,铜锤	取出凹模固定板、凹模,清理零件接触面,对准装配基准,安装凹模,用铜锤敲紧凹模
5	铜锤	使用铜锤敲入定位销

续表

序号	使用工具	过程描述
6	对应的螺丝刀	锁紧凹模对应螺钉
7	手动	对应基准装入卸料板及弹簧
8	对应的螺丝刀	锁紧卸料板螺钉
9	手动	对准装配基准,安装模柄
10	铜锤	使用铜锤敲入模柄定位销
11	对应的六角扳手	拿对应的六角扳手,锁紧模柄固定螺钉
12	手动	清理零件接触面,安装卸料块
13	手动	安装凸模部分
14	铜棒,铜锤	取出定位销,用铜棒敲入定位销
15	铜锤,对应的六角扳手	轻轻敲紧冲针压块并拿对应的六角扳手,锁紧压块螺钉
16	手动	安装限位钉
17		凸模部分装配完毕
18	铜棒,铜锤	取出定位销,用铜棒敲入定位销
19	铜锤,对应的六角扳手	拿对应的六角扳手,锁紧凸模固定螺钉
20	手动,橡胶锤	取出上、下模,对准装配基准,用防锈油喷洒合模表面,用橡胶锤敲紧上下模进行试合模

三、拓展练习

正确顺序是:(5) 装配凹模 (4) 装配凹模固定板 (7) 装销钉 (3) 装配卸料板 (2) 装配模柄 (6) 装配凸模 (7) 装销钉 (8) 调整间隙 (11) 总装配

学习任务七 复合模的拆卸与装配

学习活动一 复合模结构认知

表 7-1 复合模零件

序号	名称	材料	作用用途
1	上模座	45#钢	与冲压机运动部分固定
2	凸模固定板固定螺钉	SCM435	连接凸模固定板和上模座
3	凸模镶件	S136H	用于将模具固定在冲压机上
4	下模座	45#钢	与微型冲压机的工作台面固定
5	凹模固定板	45#钢	用于藏凹模
6	凸模固定板固定螺钉	SCM435	连接凹模固定板和下模座
7	定位销	SUJ2	安装螺钉之前,对凹模固定板先进行定位
8	压料板螺钉	SCM435	用于固定压料板
9	压料板	45#钢	将冲裁后套在凸模上的条料卸下
10	卸料板弹簧	弹簧钢	用于卸料板的复位
11	凸模镶件	S136H	用于成型产品外围的翻边
12	凸模	S136H	与凹模相互配合,形成所要产品的形状

学习活动二 复合模的拆卸

表 7-2 复合模拆卸过程

序号	使用工具	过程描述
1	铜锤	拆分上下模,并有序放好
2	对应的内六角扳手	取出下模部分,卸下卸料板限位螺钉,并有序放好
3	铜锤	用铜锤取下卸料板,并有序放好
4	手动	取下卸料板弹簧,并有序放好
5	对应的六角扳手	取出对应的六角扳手,松开卸料板连接螺钉,并有序放好
6	手动	分开卸料板及垫板,并有序放好
7	对应的六角扳手	取出对应的六角扳手,松开凸模固定板螺钉,并有序放好
8	对应的六角扳手	卸下凸模,并有序放好

续表

序号	使用工具	过程描述
9	手动	分开凸模固定板及凸模垫板,并有序放好,上模部分拆卸完毕
10	对应的六角扳手	取出上模部分,松开镶针固定螺钉
11	手动辅助顶杆	取出无头螺钉及弹簧
12	对应的六角扳手	取出上模部分,松开凹模固定板固定螺钉
13	手动	分离凹模固定板及下模座板,并有序放好
14	手动	卸下定位针螺钉,并有序放好
15	对应的六角扳手	取出凹模部分,松开凹模固定板螺钉
16	手动	分离凹模固定板与凹模固定板垫板,并有序放好
17	手动	取出成型块及凹模镶件,并有序放好
18	观看	模具拆卸完毕

学习活动三 复合模的装配

表 7-3 复合模装配过程

序号	使用工具	过程描述
1		先看复合模装配图,再认真检查装配零件数量
2	手动	取出凹模垫板,装入凹模镶件
3	手动	取出凹模固定板并将凹模固定至垫板上
4	对应的六角扳手	拿对应的六角扳手,锁紧凹模固定板连接螺钉
5	对应的六角扳手	拿对应的六角扳手,锁紧下模座板固定螺钉
6	手动	装入镶针
7	对应的六角扳手	拿对应的六角扳手,锁紧镶针固定螺钉
8	手动	试压成型针弹力
9	手动	拿凸模,装入成型针
10	手动	清理工件接触表面,并对应基准合上凹模固定板及垫板
11	对应的六角扳手,手动	拿对应的六角扳手,锁紧凸模固定螺钉
12	手动	清理零件接触面,对应装配基准,放入下模座板
13	铜锤,对应的六角扳手	拿对应的六角扳手,锁紧下模座板固定螺钉
14	手动	清理零件接触面,对应装配基准,安装压料板
15	对应的六角扳手	拿对应的六角扳手,锁紧压料板及压料板垫板
16	手动	装入压料板弹簧
17	铜锤	使用铜锤,装入压料板
18	对应的六角扳手	拿对应的六角扳手,锁紧压料板固定螺钉
19	手动,防锈油	使用防锈油喷洒模具成型部分
20	手动,铜锤	取出上、下模,对准装配基准,用铜锤敲紧上下模进行试合模

三、拓展练习

正确顺序是:(2)装配镶针 (4)装配凹模固定板 (6)装配凸模 (7)装销钉 (3)装配卸料板 (5)装配凹模 (7)装销钉 (8)调整间隙 (11)总装配

学习任务八 复杂三板模的拆卸与装配

学习活动一 复杂三板模结构认知

表 8-1 三板模模具零件

序号	作用用途
1	作为浇注系统的主流道
2	把动模部分固定在注塑机上
3	藏型芯
4	把凝料从浇口套中拉出
5	用于模具合模时的二次定位

续表

序号	作用用途
6	用于水口板与上模板分离时的起拔力
7	用于顶出产品
8	模具开合模的导向
9	用于藏型芯
10	用于复位模具顶出部分,防止弹簧失效
11	用于复位模具顶出部分
12	支撑动模板,产生一个空间,放置顶出系统
13	用于安装顶杆
14	用于在顶杆板上固定顶杆
15	用于将模具动模装配至注塑机
16	固定定模座板
17	固定动模座板
18	便于注塑机注射筒与模具浇口套的对正
19	用于控制三板模具各板间的开模顺序
20	用于把分流道勾住,使浇口切断
21	带斜面压块,定位型芯
22	用于限位脱凝料板与凹模固定板的分离距离
23	保证开模时产品停留在模具后面
24	用于导向顶出系统的运动
25	用于支撑模具动模板,以防动模固定板变形
26	用于成型产品内表面
27	用于成型产品外表面

学习活动二　复杂三板模的拆卸

表 8-2　三板模拆卸过程

序号	使用工具	过程描述
1	观察	观察三板模外型与情况
2	铜锤	用铜锤敲出动模与定模部分,并有序放好
3	对应的六角扳手	用对应的六角扳手扭开和卸下定位圈螺钉,并有序放好
4	对应的六角扳手	用对应的六角扳手扭开和卸下拉杆,并有序放好
5	铜锤	使用铜锤敲开及卸下凹模固定板,并有序放好
6	手动	手动取出脱凝料板,并有序放好
7	对应的内六角扳手,铜锤	用对应的内六角扳手,卸下浇口套螺钉,用铜锤敲出浇口套
8	铜锤	用铜锤敲出拉料杆,并有序放好
9	对应的内六角扳手	用内六角扳手,卸下凹模型芯压块螺钉,并有序放好
10	对应的内六角扳手	用内六角扳手,卸下凹模型芯固定螺钉,并有序放好
11	铜锤,铜棒	用铜锤及铜棒敲出型芯,并有序放好
12	铜锤,铜棒	用铜锤敲出凹模型芯镶件,并有序放好。前模部分拆卸完毕
13	对应的内六角扳手,手动	拿出对应的六角扳手,卸下开模器固定螺钉,并有序放好
14	对应的内六角扳手	拿出对应的六角扳手,卸下限位块固定螺钉,并有序放好
15	对应的内六角扳手	拿出对应的六角扳手,卸下方铁固定螺钉,并有序放好
16	铜锤	使用铜锤敲开动模座板,并有序放好
17	对应的内六角扳手	拿出对应的六角扳手,卸下下模座板固定螺钉,并有序放好
18	对应的内六角扳手	拿出对应的六角扳手,卸下撑柱固定螺钉,并有序放好
19	对应的内六角扳手	拿出对应的六角扳手,卸下模具垫片固定螺钉,并有序放好
20	铜锤	用铜锤敲出顶出部分,并有序放好
21	手动	把复位弹簧拿出,并有序放好
22	对应的六角扳手	拿出对应的六角扳手,卸下顶杆底板对角固定螺钉
23	铜锤	卸下螺钉后,小心地将卸下的顶杆底板放入指定位置,并有序放好
24	手动	依次取出模具顶杆,放入指定位置,并有序放好

续表

序号	使用工具	过程描述
25	手动	依次取出模具复位杆,放入指定位置,并有序放好
26	手动	依次取下中托斯导柱及中托斯导套,并有序放好
27	对应的六角扳手	拿出对应的六角扳手,卸下型芯固定螺钉,放入指定位置,并有序放好
28	手动,铜棒,铝棒	卸下型芯固定螺钉后,用铜锤与铝棒轻轻敲出型芯,把型芯放入指定位置,并有序放好

学习活动三 复杂三板模的装配

表 8-3 三板模装配过程

序号	使用工具	过程描述
1		先看三板模装配图,再认真检查装配零件数量
2	铜锤	使用铜锤敲入型芯
3	对应的六角扳手	拿出动模板,清理零件接触面,对准装配基准,锁紧动模板固定螺钉
4	手动	取出顶杆固定板与复位杆,安装复位杆
5	手动	取出顶杆底板与顶杆,按照基准依次装入顶杆
6	手动	装入复位弹簧
7	手动	对应装配基准,安装顶出部分安装
8	手动	依次装入中托斯导柱及中托斯导套
9	对应的六角扳手	拿出对应的六角扳手,锁紧顶杆底板
10	对应的内六角扳手	取出动模板及撑柱,清理零件接触面,装入撑柱并锁紧撑柱固定螺钉
11	对应的六角扳手	取出模脚与动模座板,清理零件接触面,安装动模座板,取出模脚固定螺钉,拿对应的六角扳手,旋入模脚固定螺钉,用橡胶锤敲平模脚,再锁紧螺钉
12	对应的六角扳手	取出动模座板固定螺钉,锁紧动模座板对角固定螺钉
13	对应的内六角扳手	拿出对应的六角扳手,锁紧限位块固定螺钉
14	对应的内六角扳手,手动	拿出对应的六角扳手,锁紧开闭器固定螺钉(开闭器不可锁太紧,需根据实际情况进行调节)
15	观察	动模部分安装完毕
16	铜锤,铜棒	拿型芯及型芯镶件,用铜锤敲入镶件
17	手动,铜锤	将凹模放入凹模固定板中并用铜锤敲紧
18	对应的内六角扳手	用内六角扳手,锁紧型芯压块
19	对应的内六角扳手	用内六角扳手,锁紧型芯固定螺钉
20	手动	拿出定模座板,装入拉料杆
21	手动	装入脱凝料板及拉料杆
22	铜锤、对应的内六角扳手	使用铜锤敲入浇口套并用合适内六角扳手,锁紧型芯固定螺钉
23	对应的内六角扳手	用合适内六角扳手,锁紧定位圈固定螺钉
24	铜锤	使用铜锤装入定模板
25	手动	手动装入拉杆并穿入脱凝料板弹簧
26	对应的六角扳手	用对应的六角扳手锁紧拉杆螺钉
27	铜锤	用防锈油喷洒合模表面,对准基准,用铜锤敲紧定模与动模进行合模

正确顺序是:(8) 装配型芯 (6) 装配动模座板 (5) 装配顶出部分 (10) 装配撑柱 (7) 装开模器 (3) 装配定模板 (2) 装配脱凝料板 (4) 装配浇口套 (1) 装配定位圈 (11) 总装配

参考文献

[1] 廖圣洁．模具拆装调试与维护．北京：中国劳动社会保障出版社，2008.

[2] 童永华，李慕译．模具拆装与调试技能训练．北京：中国铁道出版社，2012.